초등아빠가 되어도 괜찮습니다

프롤로그

　따뜻한 볕이 좋은 어느 날, 사무실로 회사 행사를 담당하는 후배가 찾아왔다. 이런저런 얘기가 오고 갔지만, 결론은 '창립 기념행사에 전 직원 앞에서 발표해 달라'라는 것이었다. 주제는 자유롭게 선택할 수 있지만, 후배가 나에게 부탁하고 싶은 주제는 '아빠육아'라고 말했다.

　귀로는 후배의 얘기를 들으며 눈으로는 후배가 가져온 자료를 살폈다. 내 이름을 포함해서 발표 대상 후보자가 30명 정도 있었다. 그래서 자신 있게 말했다. "고생이 많네요. 발표자를 섭외하기 쉽지 않을 텐데. 혹시, 다른 사람들이 모두 못 하겠다고 하면 제가 할게요. 인사팀에서 하는 행사는 (제가) 도움이 된다면 적극적으로 도울게요"라고. '설마, 3명 정도만 발표하면 된다는데 30명 중에 발표할 사람이 그렇게 없을까'라는 마음으로. 30명 중에는 이미 회사에서 소문난, 취미 수준을 넘어선 실력을 갖춘 사람들도 제법 보였으니. 그렇게 '아빠육아' 얘기를 잠시 나눴지만 잊고 지냈다. 내가 발표할 일은 없을 것 같았으니.

　그런데 보름 후, 우연히 그 후배를 다시 만났고 "행사 당일에 발표해 주셔야 할 것 같습니다"라는 말을 들었다. 내가 해 둔 말이 있으니 "네, 알겠습니다. 발표자 섭외가 쉽지 않았나 보네요. 그런데 무슨 얘기를 하면 좋을까요? 회사에는 결혼하지 않았거나 결혼했더라도 아이가 없어서 육아를 하지 않는 사람들도, 이미 성인 자녀를 둔 사람들도 많은데"라고 길게 말을 이었다. 후배는 "그렇긴 하지만, 그래도 '따뜻한 이야기'를 해 주시면 좋을 것 같습니다"라고 받았다. "알겠습니다"라고 짧게 답하고 "잘 준비해 볼게요"라고 보탰다.

　사무실로 돌아오는 길에 잠시 생각했다. '따뜻한 이야기'라… '따뜻한 이야기'를… 정해진 발표 양식도 없다니 일단 아이와 함께한 사진부터 찾아봤다. 이야기의 시작은 '육아휴직'으로 해야 할 것 같으니. 회사 행사니, 회사와 관련된 육아 키워드를 찾아야 했다. '일', '일/가정 양립' 등등. 잠시 고민했고 오래지 않아 발표 자료를 마무리했다. '10'분 발표라니, 그 절반인 '5'가지를 얘기하고 싶었다.

　〈창립기념행사〉라는 취지에 맞게 '육아'와 '일'을 함께 담았다. 2018년 3월의 육아휴직부터 2023년 6월까지 내가 했던 일들과 하고 있는 일들을, 그리고 그 일들 속에서 내가 찾은 삶의 의미를 전하고 싶었다. 그것을 숫자 1, 2, 3, 4, 5로 나타냈다.

‘1’은 ‘일’로 읽고 ‘중심’이라 말했다. 육아도 일도 무엇이 중요한지, 무엇이 급한지 분명하게 중심을 잡아야 한다.

‘2’는 ‘둘’로 읽고 ‘관계’라 말했다. 육아도 일도 사람과 사람의 관계이기 때문이다. 교감이 필요하고 공감이 요구된다.

‘3’은 ‘세 번째’로 읽고 ‘지속’이라 말했다. 한 번은 우연일 수 있다. 두 번도 엉겁결에 할 수 있다. 그러나 그것이 세 번 이상이라면 꾸준함이 생긴 것이다.

‘4’는 ‘사계절’로 읽고 ‘경험’이라 말했다. 일도 한 계절만 경험하고 알 수 없듯 육아도 일 년 이상은 경험해야 한다. 어쩌면 몇 년이 지나도 내 아이를 모를 수 있다.

마지막으로 ‘5’는 ‘오 일’로 읽고 ‘관점’이라 말했다. 아이와 주말에 특별히 잘 놀기 위해 주중에 모든 날을 무리하다 싶을 만큼 많은 일을 하며 소중한 날들을 희생하고 있지는 않을까. 어쩌면 아이는 아빠와 함께 동네를 산책하고 책을 읽는 정도의 평범한 것들로 가득한 날을 기대하고 있는 것은 아닐까 생각한다. 이렇게 1, 2, 3, 4, 5라는 숫자를 통해 육아와 일, 일과 육아를 해야 하는 나라는 사람과 아빠라는 사람을 말하고 싶었다.

일에는 답이 있는지 모르겠지만 육아에는 답이 없다. 그저 내 아이가 내 곁에 있을 뿐이다. 그렇기에 그 아이와 함께 주어진 날들을 살아갈 뿐이다. 즐겁게, 신나게, 유쾌하게. 어제도, 오늘도, 내일도.

　이번에 출간하게 된 《초등아빠가 되어도 괜찮습니다》는 크게 세 부분으로 구성되어 있다. '초등남아는', '초등아빠는', '초등가족은'이 그것이다. 이렇게 구성한 이유는 먼저 초등학교 2학년 남자아이는 어떻게 하루를 보내는지, 그 속에서 어떤 경험과 어떤 생각을 하는지 소개하고 싶었다. 다음으로 그 초등학교 2학년 남자아이 곁에 있는 초등아빠는 아이와 무엇을 하는지, 그때마다 어떤 생각을 하는지 말하고 싶었다. 마지막으로 이렇게 초등남아와 초등아빠가 함께하는 삶에는 '엄마'와 '아내'라는 이름을 동시에 가진 사람이 등장한다. 그래서 마침내 '초등가족'이라는 이름으로 삶을 만들어 간다. 아이와 엄마와 아빠는 어떻게 하루하루 살아가는지 그것마저 솔직히 전하고 싶었다. 크고 거창한 것보다 작지만 소중한 것들을 기록하려 노력했다. 그 속에서 삶의 의미를 찾으려 했다. 이제 그 이야기를 시작한다.

변함없이 볕이 좋은 어느 날

임석재

차례

PART 2 초등아빠는

PART 3 초등가족은

PART 1

초등남아는

억지로라도 웃어!

생각해 보니 아이와 함께 '나란히' 뭔가를 하는, 아니, 할 수밖에 없는 장소가 있다.

그곳은 바로, 화장실. 조금 더 정확히, 거울 앞이다. 양치질을 할 때면 서로 사이좋게 거울을 향한다. 달리 취할 자세도 없지만… 다시 조금 더 정확히, 아직 아이는 거울에 얼굴이 비치는 정도까지는 자라지 않았기에 나만 아이를 슬쩍 쳐다본다. 그러다 아이가 양치하는 모습이 재미있어 잠시 지켜보고 있는데 아이가 말했다.

"아빠, 억지로라도 웃어!"

무슨 뜬금없는 소린가 싶어 아이에게 "아들, 아빠는 잘 웃는데… 무슨 뚱딴지같은 소리야"라고 답했다. 그랬더니 아이가 다시 받았다. "아빠, 나 따라 해 봐. 그래야 웃을 수 있는 거야!"

아이는 눈을 크게 뜨고 입꼬리를 두 손으로 살짝 들어 올렸다. 그 마음이 대견했다.

한편으론 '아이의 눈에는 내가 요즘 꽤나 바쁘고 힘들어 보였구나'라고 생각했다. 아이들도 안다. 아빠가, 그리고 엄마가 지금 어떤 마음인지. 또 어떤 상황인지. 그러니 새해부터 회사 일로 이래저래 바쁜 아빠를 한동안 조용히 지켜보고 있다가 슬며시 말했을 것이다. 지금처럼 둘만의 공간에서. 무슨 비밀 이야기하듯. '아빠, 힘내야 돼'라고. 아이의 말처럼 아이를 따라서 잠시 '억지로라도' 웃었다. 그렇게 웃으며 잠시 아이와 눈을 맞췄다.

새해라 아직 익숙하지 않은 일들로 회사에서 늦게 돌아오는 날이 많지만 아주 짧은 시간이나마 아이와 닭싸움도, 씨름놀이도 하려 한다. 10분 남짓한 그 짧은 시간이 내게 큰 힘이 된다. 어쩌면 그때라도 아주 잠깐 '내가 지금은 일에 바쁜 회사원이 아닌 개구쟁이 아이와 함께하는 유쾌한 아빠지'라고 스스로 최면을 걸고 있는지도 모른다. 일만 하며 살 수는 없으니…….

며칠 전에는 근무 중 아내에게 문자가 왔다. 동물원에서 놀고 있는 아이 모습이 담긴 사진과 함께. 한파로 손과 발이 꽁꽁 얼어버릴 것 같은 날, 아내는 아이와 함께 1시간 이상을 대중교통으로 이동해 동물원에 다녀왔다. 아이의 방과후학교 수업이 없는 날,

온종일 집에만 있어야 하는 아이를 위해 아빠가 겨울방학 때 꼭 함께 가기로 약속했던 동물원을 다녀왔다. 어쩌면 갑자기 바빠진 남편을 대신해서. 다행히 사진 속 아이는 '아빠, 나 지금 너무 신나고 재밌어!'라고 말하고 있었다. 아내와 아이에게 미안함 반, 고마움 반이었다. 저녁, 집에서 만난 아내는 아이의 말을 전해줬다.

"오늘은 아들이 뭐라고 말했는지 알아?"

무슨 말일까, 싶어 "무슨 말을 했는데?"라고 물었다. 아내는 "글쎄, 아들이 갑자기 '나도(이제 아홉 살이다) 열여덟 살 되면 주민등록증 나온다'라고 그러는 거야. 웃기지?"라고 답했다.

아직 10년 뒤의 일이라 지금은 전혀 실감 나지 않지만, 하루하루가 지나면 언젠가는 또 그런 날도 오겠구나 싶었다. 마지막으로 내가 아직 답하지 못한 아이의 물음이 있다.

오늘 저녁, 아이가 내게 "아빠, 그림자가 가짜야?"라고 물었고 나는 그 질문에 아직 답을 하지 못했는데 다시 "아빠, 사람은 그림자를 밟으면 꼼짝 못 하는 거야?"라고 더했다. 왜 그런지 모르겠지만 '그림자'라는 단어가 유독 마음에 오래 머물렀다. 그림자가 정말 가짜일까? 그림자를 밟으면 정말 꼼짝 못 하는 걸까? 생각거리가 더해졌다. 그렇게 또 일주일이 지나갔다.

호랑이 왔다

아이는 며칠째, 아니 일주일 이상 아프다. 그런데 별다른 내색을 하지 않는다. 콜록콜록 기침을 하고 말할 때마다 목소리가 갈라지는데 딱히 '아프다'라고 콕 짚어서 말하지 않는다. 밥도 그런대로 먹기는 하지만 그렇다고 딱히 잘 먹거나 많이 먹는 것은 아니다.

그러니 이래저래, 그럭저럭, 그냥저냥, 하루를 보낸다. 물론 제 딴에는 나름 재밌고 신나는 하루겠지만. 중간중간 엄마와 함께 병원에 다녀오기도 하고 또 중간중간 동네 산책을 다녀오기도 한다.

의사 선생님이 단순, 그러니 아들 또래의 아이들이 흔하게 걸리는 감기라고 하니 마음은 놓이지만 그렇다고 그 말에 마음이 편하지만은 않다. 업무를 마무리하고 집으로 돌아와 기분 탓일까? 어딘지 핼쑥하고 기운 없어 보이는 아이를 가만히 보고 있으면 조금, 아니 많이 '짠한' 느낌이다. 분명히 아파 보이는데, 아니 확실히 아픈 것 같은데 그렇지 않다고 말한다.

아이에게 "아들, 아파?"라고 물으면 아이는 "아니, 괜찮은데!"라고 답한다. 콧물을 훌쩍이면서. 다시 "아들, 감기에 걸린 것 같은데?"라고 더하면 이번에도 태연하게 "아냐, 나 이제 괜찮아!"라고 받는다. 귀도 빨갛고 볼도 발그레한데. 아이가 제 스스로 괜찮다니 그저 지켜볼 뿐이다.

아내가 종일 바짝 곁에서 항상 챙기고 있으니 아내를 믿을 뿐이다. 어쩌면 그런 엄마가 있기에 아이는 아파도 안 아프다고 말하고 아파도 안 아픈 것처럼 행동하는 것일 수도 있겠다. 만일 진짜 아프면 엄마가 자신을 지켜줄 것을 알기에, 또 그것을 믿기에.

거실 소파에 앉아 아내와 아이를 잠시 바라보고 있는데 아이가 말한다.

"아빠, 내가 감기에 걸렸다고 말했잖아. 사실 감기를 쫓는 방법을 알고 있어. 책에서 봤어. 비밀 부적을 붙이면 되는 건데, 아빠한테도 알려줄게."

그러더니 스케치북에 무엇인가 그리기 시작한다. '감기를 쫓아내는 부적이란 게 뭘까?'라고 생각하며 기다리고 있는데 아이가 배시시 웃으며 다가와 종이 한 장을 재빨리 건넨다.

"아빠, 이게 바로 감기를 쫓는 부적이야. 여기에 호랑이 그림이 있지? 이거 하나면 감기가 확 사라질 거야!"라고 말하고 "내 생각에는 아빠도 머리가 조금 아프다고 했지? 그럼 감기에 걸릴 수도 있는 거야. 이게 효과가 있을 거야!"라고 더한다.

아이가 내게 건넨 종이에는 호랑이 한 마리가 크레파스로 그려져 있다. 아이의 말과 그림이 재미있어 잠시 바라보고 있는데 아이가 "호랑이 왔다!"라고 크게 외친다. '이번에는 또 뭘 하는 거지?'라고 생각하고 있는데 아이가 답한다.

"아빠, 호랑이 왔다! 호랑이 왔다! 호랑이 왔다! 이렇게 세 번 외치면 감기가 겁이 나서 도망간대. 그러니까 아빠는 이제 괜찮아질 거야."

아픈 아이가 아직 아프지 않은 아빠를 위해 부적도 그려주고 주문도 외쳐주니 고맙기 그지없다. 사람이 살아가면서 다른 누군가를 위해 마음을 다해 주문을 외워 준다는 것, 그것도 아무런 대가 없이 다른 누군가를 위해 노력하고 실천한다는 것.

나는 그동안 살아오면서 얼마나 그런 시간이 있었고, 얼마나 그런 행동을 했을까 반성해 본다. 아이의 할아버지를 위해서? 아이의 할머니를 위해서? 어찌 생각하니 이제 내 삶의 무게 중심은 너무도 확연히 '내 아이', '내 아내' 쪽으로 옮겨진 것 같다. 아니 옮겨졌다.

요즘 아내와 아직 한참 어린 아들의 더 꼬마 시절 사진을 자주 본다. 그냥 그 시간이 좋다. 그냥 그 느낌이 좋다. 혼자서 놀고 있는 아이에게 "아들, 이때 생각나?"라고 말하며 지난 사진을 함께 확인하는 그 순간이. 한없이 소중한 아이. 한참 꿈나라 여행 중일 아이를 위해 나도 주문을 외워본다.

호랑이 왔다! 호랑이 왔다! 호랑이 왔다!

유난히 작은,
하지만 배울 게 많은 아이

작은 발걸음이 느껴졌다.

아이가 거실을 왔다 갔다 하며 무엇인가 하고 있었다. '무엇을 하는 걸까?'라고 잠시 생각했지만 '뭐 별다른 것은 없겠지'라고 생각하며 그냥 있었다. 어쩌면 모른 척 두고 싶었다. 나도 모처럼 편안한 마음으로 책을 읽고 있었으니. 나는 서재에 있었고 아이는 거실에 있었다. 각자 책을 읽기로 했으니 각자 편안한 공간을 찾았다. 아이도 아홉 살이니, 마냥 보살피기보단 가끔 그런 각자의 시간을 갖는 여유가 생겼다.

그런데 한 시간 정도 지났을 때, 시곗바늘이 오후 6시를 향해 가고 있을 때, 다시 작은 발걸음이 반복됐다.

혹시나 하는 마음에 읽던 책을 덮고 서재를 나섰다. 거실은 어둑어둑했고 아이는 조심스레 조용조용 가만히 책을 읽고 있었다. 나와 눈이 마주친 아이는 서둘러 검지를 입술 위에 대고 '아빠, 그 자리에 가만히 있어'라는 신호를 보냈다. 이유는 간단했다. 거실 한편에서 아내가 곤히 자고 있었기 때문이었다. 아이의 표정은 재밌었고 아이의 마음은 기특했다.

살금살금 아이의 곁으로 다가갔다. 같이 저기로 가자는 수신호와 무언의 합의 끝에 나란히 서재로 왔다. 아무런 말도 없이 침묵 속에, 하지만 마치 재미있는 놀이를 하듯. 그러다 아이에게 물었다.

"아들, 그런데 엄마가 거실에서 자면 아빠가 있는 서재에서 같이 책을 보면 되는데, 왜 어두운 거실에 있었던 거야?"

아이는 답했다.

"괜찮아. 그리고 엄마가 자니까 그냥 옆에 있고 싶어서 그랬던 거야."
"아들, 그랬구나. 그 마음이 너무 따뜻한데. 그래도 어두운 곳에서 책을 보면 눈이 나빠질 수 있어. 거실 책상에서 책을 읽지 그랬어?"
"응, 그래도 되는데 그냥 엄마 옆에서 책을 읽고 싶었어. 조금 어둡기는 했는데 그래도 책은 읽을 수 있었거든. 그리고 엄마가 자는 모습을 보는 것도 좋았어."

아이와 대화를 주고받으며 아주 잠깐 내 아이지만 배울 게 많은 아이라고 생각했다. 아이는 그랬다. 생각해 보면 기특한 순간, 대견한 말들이 많았다.

지난번 마트에 갔을 때도 아이에게 "아들, 아빠가 맛있는 것 사줄 테니까 먹고 싶은 것 있으면 잘 골라 봐"라고 말했다(사실 지난번만 그랬던 것이 아니라 갈 때마다 대부분 그렇게 말했다). 그때마다 아이는 "응, 알았어. 아빠"라고 답하고 한참을 둘러보다 매번 같은 과자 하나만 골랐다. 기분 좋은 얼굴로. 아이에게 "아들, 더 먹고 싶은 것은 없어?"라고 물었지만 아이는 "아니, 이거 하나면 돼. 나는 이거면 됐어. 아빠도 먹고 싶은 것 있으면 골라"라고 답했다.

아빠가 과자를 자주 사주는 것도 아닌데, 과자를 싫어하는 아이도 아닌데, 사줄 형편이 안 되는 것도 아닌데, 아이는 무엇이 됐건 과한 욕심을 부리지 않았다. 과자가 그랬고 장난감이 그랬다. 자신에게 주어진 것들에 충분히 만족했다. 그 이상을 얻고자 떼를 쓰지 않았다.

근처로 산책하러 나갔을 때도 마찬가지다. 집에서 자동차로 겨우 30분 내외의 거리지만 볕이 좋은 오후였기에 도착 직전,

아이는 곤히 잠들었다. 주차장에 차를 세우고 아이를 깨울까 말까 잠시 고민했지만 아이 귀에다 살짝 "아들, 도착했어. 우리 산책 가야지"라고 말했다. 겨우 10분 내외로 잠을 잔 아이는 어리둥절한 표정으로 하품을 크게 하며 차에서 내렸다. 그리고 내게 말했다. "아빠, 너무 졸려…" 그 소리에 곁에 있던 아내가 "아들, 너무 졸리지. 이제 겨우 잠이 들었는데. 엄마가 안아줄까?"라고 받았고 아이는 "응"이라 짧게 더했다. 무릎이 아픈 아내가 걱정돼 "아들, 아빠가 안아줄게"라고 말하고 아이를 꼭 안았다. 아이의 체온을 느끼며 잠시 걸으니 기분은 좋은데 솔직히 무거웠다. 100미터 정도 걷다가 아이에게 말했다. "아들, 이제 괜찮으면 같이 걸을까?" 아이는 무언가를 이해하는지 "응, 내려줘도 돼"라고 답했다. 그러더니 씽긋 웃으며 보란 듯이 후다닥 달렸다.

그 모습이 꼭 '조금만 내 편에서 말해주면, 나를 생각해주면 나도 엄마, 아빠 편에서 행동할게'라고 말하는 것 같았다. 아내의 손을 잡고 아이를 뒤따랐다. 나는 참 행복한 사람이다. 내 아들은 아직 어리지만, 배울 게 많은 아이다.

엄마에게
천국일 거야

아침부터 비가 내렸다. 조금 늦게 일어났고 조금 빨리 밥을 먹었다. 무엇을 할까 잠시 고민했지만, 딱히 떠오르는 것은 없었다. 가끔, 그런 날이 있었다. 이것저것 열심히 고민해 보지만 적당한 무엇이 얼른 생각나지 않는 날. 그러다 신문을 펼쳤다. 나와 다른 곳에 있는, 나와 다른 곳에 사는 사람들은 무엇을 할까 궁금했다.

한 장 한 장 느릿느릿 신문을 살피다 아이는 무엇을 하나 쳐다봤다. 나와 달리 아이는 제 할 일을 하고 있었다. 그렇게 해야 한다고 엄마, 아빠가 정해둔 것도 아닌데 언제부턴가 제 나름의 규칙을 만들었고 그것들을 차근차근 순서대로 했다. 몇 줄 되지 않지만 나름의 이야기 구조를 가진 일기를 매일 썼고, 학교에 제출해야 하는, 아니 어쩌면 그러지 않아도 되는 받아쓰기도 꼬박꼬박 했다. 그리고 백의 자리와 십의 자리로 구성된 곱셈을 풀었다. 며칠 전까지는 십의 자리와 십의 자리의 곱셈을, 어제부터는 백의 자리와 십의 자리의 곱셈을 다뤘다.

언젠가 아내가 아이에게 말했다.

"아들, 학교 마치면 다른 친구들은 다 학원에 가잖아. 그런데 우리는 학원에 가지 않고 신나게 놀지. 엄마는 아직, 억지로 학원에 가는 것보다 즐겁고 신나고 건강하게 잘 노는 게 더 중요하다고 생각해. 물론 친구들처럼 학원에 가고 싶으면 언제든지 엄마한테 얘기해. 그러면 보내줄게. 그런데 너무 놀기만 하면 안 되니까, 하루에 한 번 곱셈이라도 열심히 하자."

아이는 그렇게 곱셈을 배우게 됐다. 거실 벽에 커다란 구구단 표를 붙이는 것에서 시작했다.

퇴근 후, 그 표를 보며 거실 칠판을 이용해 아이에게 곱셈을 해야 하는 이유를 잠시 설명했다. 내가 아이에게 전하고 싶었던 내용은 '덧셈을 해도 되지만 덧셈만으로는 숫자가 커질수록 한계가 있으니 그것을 작은 묶음 또는 덩어리 단위로 생각하면 된다'라는 것이었다. 아이가 그것을 정확히 이해했는지 알 수는 없지만 아이는 이후 띄엄띄엄 구구단을 외웠다. 밥 먹다가 한 번, 장난감 놀이를 하다가 한 번, 거실을 오며 가며. 그러다 어느 날부터 곱셈을 척척 해냈다. 수학에는 자신 없다던 아내가,

수학만큼은 내가 맡으라던 아내가, 아이에게 곱셈을 가르친 이후였다. 어쩌다 보니 곱셈 얘기가 길어졌지만, 어쨌든 아이는 혼자서 곱셈 문제를 냈고 다시 그 문제를 풀었다. 그러다 내게 슬쩍 다가왔다.

"아빠, 그런데 이번에는 뭔가 이상해. 아빠가 한번 봐 줘."

왜 그런가 살펴보니 중간 과정에서 더하기 하나가 잘못되어 있었다.

"아들, 중간 부분에 더하기가 수상해. 천천히 다시 한번 해 봐."

아이는 잠시 후 "아, 맞다. 아빠, 이제는 알겠어"라고 답했다. 그렇게 곱셈을 마무리했고 다음 순서인 책을 읽었다. 제 나름의 마지막이었다. 그리스 로마 신화를 읽기도 하고 한국사 이야기를 읽기도 했다. "아들, 재밌어?"라고 물으면 "응, 재밌어"라고 짧게 받았다. 책읽기를 끝으로 자기가 좋아하는 포켓몬 영상을 봤다. 거실 책상으로 아내의 노트북을 가져왔고 마우스를 연결했다. 알아서 척척척 유튜브를 찾았고 다시 검색어를 입력해 영상까지 확인했다. 마우스를 이용해 화면을 살피는 모습이 제법이었다.

아내가 거실 온열장판 위에서 기분 좋게 단잠을 자고 있었기에 아이가 내게 다가와 살짝 말했다.

"아빠, 소리는 낮춰야 할 것 같아. 그리고 엄마가 자고 있으니까, 아빠도 조용해야 돼."

내가 알겠다는 표정으로 고개를 끄덕이는데 아이가 다시 작은 소리로 말했다.

"아빠, 오늘은 엄마한테 천국일 거야. 아침부터 엄마가 좋아하는 비도 오지. 엄마가 좋아하는 아빠도 옆에 있지. 나도 옆에 있지. 그리고 엄마가 좋아하는 잠도 자고 있지. 그러니까 엄마는 천국 같은 기분으로 잘 거야."

그 말에 다시 고개를 끄덕이며 아이의 귀에 살짝 답했다.

"응, 오늘은 엄마가 좋아하는 것들이 다 있네. 엄마 자는 동안 아들도 아빠도 좋아하는 것들 조용조용 열심히 하자."

그렇게 우리 가족 모두 잠시 천국에 있었다. 어쩌면 늘 천국이다. 아니 거의 매일 그렇다.

무서운 꿈

아이의 흐느낌이 느껴졌다. 깊은 잠에 빠졌다가 순간 깼기에, 정확한 시간이 가늠되지 않았다. 연이은 아내의 인기척에 안심했다. 보이진 않았지만 아내는 아이에게 소곤소곤 말을 건넸고 잠시 후 아이는 오래지 않아 다시 잠이 들었다.

이미 잠은 달아났지만 혹시나 아이가 다시 깰까, 꽤나 오랜 시간을 꼼짝 않고 누워 있었다. 그러다 살금살금 방을 나왔다. 몇 시나 됐을까 싶어 시계를 보니 새벽 4시 30분이었다. 이른 아침이라 생각하고 다른 무엇을 하기에는 너무 일렀다. 다시 침대에 누웠다. 잠이 드나 했는데, 얼마 지나지 않아 다시 깼다. 5시 30분. 보통의 경우, 6시가 조금 지나 일어나니 얼추 비슷한 시간이었다. 샤워를 하고 서재에 앉아 신문을 펼쳤다.

그러다 문득 궁금했다. '무슨 꿈을 꿨기에 새벽에 혼자 흐느껴 울었을까?' 아이의 꿈이 진짜 궁금했는데, 어쩌다 보니 일주일이다 되어가는 지금까지 물어보지 못했다. 아니 물어보지 않기로 했다. 성장기 아이가 꾸는 무서운 꿈이겠거니, 그렇게 추측할 뿐이다. 아무쪼록 아들이 좋은 꿈만 꿨으면 좋겠다.

이별,
어려운 결정이었다

　잘했는지, 그렇지 않은지, 솔직히 잘 모르겠다. 그렇지만 분명한 것은, 너무나 어려운 결정이라는 것이다.

　지난주 아이는 작은 햄스터 한 마리를 집으로 데려왔다. 아이가 참가하는 '방과후학교'의 '생명과학' 수업에서 희망하는 아이들에게 '일주일' 동안 햄스터를 집으로 데려가 키울 수 있도록 했다. '생명과학'이라는 이름에 걸맞게 그동안 다양한 생명체(?)와 함께했다.

　가장 최근에 기억나는 것은 옥수수가 있고, 그전에는 새싹보리도 있었다. '미꾸리'라는 물고기도 있었고, 육지 소라게도 있었다. 그 밖에도 많은 것들이 있었다. 하지만 아이에게도 우리에게도 포유류인 햄스터는 이전의 생명체들과는 분명히 다른 느낌이었다.

'작다'라는 단어로는 부족할 만큼 아주 작고, 작았지만 분명한 것은 개나 고양이까지는 아니어도 동물 같은 기운이 가득 느껴졌다. 그 특성상 소리에 민감했기에 처음에는 주변에 가면 한참 동안 몸을 숨겼고, 그러다 며칠이 지나 조금 익숙해졌는지 슬쩍 다가와 빤히 쳐다보듯 가만히 있기도 했다.

아이는 아침, 저녁으로 정성스레 먹이를 건넸고, 아내도 오며 가며 "토리야~~"라고 부르며 한참을 머물렀고 이런저런 말을 건넸다. 마치 아이의 어린 동생을 돌보는 것처럼. 나 또한 왠지 모르게 그동안 집에서 키웠고, 길렀던 여느 것들과는 다른 기분이었다. 아이가 도토리처럼 작다고 '토리'라고 이름을 지었을 정도로 작디작은 녀석을 보고 있으면, 시간 가는 줄 모를 만큼 신기했고, 또 재밌었다. 오물오물거리며 먹이를 입속 양 볼에 가득 넣어 자신의 집으로 들어가 가만히 있는 모습은 개구쟁이 어린아이처럼 느껴졌다.

그렇게 일주일이 지났고, 우리 가족과 함께했던 토리를 방과후학교 선생님에게 돌려드릴 시간이 왔다. 사실 선택지가 있었다. ① 수업시간에만 관찰하기 ② 집으로 데려가 1주일 관찰하기 ③ 집에서 계속 키우기

수업 전, 아이는 햄스터를 집에서 계속 키우고 싶어 했다. 나

는 반대했다. 끝까지 키울 자신이 없었고, 마침내 맞이하게 될, 햄스터의 죽음은 곤충이나 식물과는 많이 다를 것이라 생각했기 때문이었다. 아이가 딱 '일주일'만 함께하면 어떻겠냐고 말했을 때도 처음엔 그 이후가 걱정됐기에 반대했다. 그러다 생명과학 수업을 너무나 좋아하는 아이의 축 처진 모습이 안쓰러워 "딱, 일주일만 집에서 함께해 보자. 그 이후에는 선생님께 꼭 돌려드리는 거야"라고 말했다. 아이는 신이 나서 "알았어. 아빠"라고 했지만 그때도 이미 알고 있었다. 일주일 후, 아이에게 햄스터와의 이별은 결코 쉽지 않을 것이라는 사실을. 그렇게 아이만 생각했는데 막상 토리와 함께하니 "나도 쥐는 별로야"라던 아내도 너무나 아쉬워했다. 어제저녁에 이미 끝난 일을 아내는 오늘 점심 무렵에 다시 한번 "토리, 진짜 안녕해?"라고 물었고, 나는 "응, 아쉽지만 꾹 참고 이번에는 그렇게 하자"라고 답했다. 그렇게 답하며 순간 나도 '토리와 조금 더 함께하면 어떨까'라고 생각했지만 이내 마음을 다잡았다.

바쁜 일들로 가득했던 하루를 마치고 집으로 돌아오니 아이는 예상대로 너무나 슬퍼하고 있었다. 이틀 연속으로 일기에 토리와의 이야기를 남겼다. 어제는 〈햄스터〉라는 제목으로 '내일은 생명과학에서 받은 햄스터를(일주일간 키우기여서) 반납해야 한다. 햄스터(토리)를 반납해야 한다니 슬프고 아쉽고 또, 키우고 싶다. 학교(학교 시작할 때 데리고 가면 친구들이 모여들어 만지면 토리가 스트레스를 받으니까) 끝날 때 엄마가 오셔서 토리를 주시고 생명과학 시간에 반납하기(좀 더 생각해 봐야 하지만)로 했다'라고, 오늘은 〈이별〉이라는 제목으로 '오늘 생명과학에서 받은 햄스터를(햄스터(토리)랑 이별했다) 반납했다. 너무 아주 너무 아주 슬프다. 슬퍼서 울었다. 지금 생각해도 슬프다. 슬퍼서 콧물도 났다. 너무(아주) 슬프다. (일주일 키우기여서) 슬프다'라고 썼다. 아이의 어제, 그리고 오늘의 제목을 더하니 '햄스터 이별'이다.

글을 쓰고 있는 나도 마음이 출렁인다. 작년에 경험했던 갑작스러운 아버지와의 이별이 문득 스친다. 생각지 못한 시간에, 생각지 못한 곳에서, 생각지 못한 일들로. 머물다 사라지고, 사라졌다 머문다. 이럴 때는 그저, 그냥 '내일은 더 씩씩하게 살아야지'라고 꾹꾹 눌러 다짐할 뿐이다. 아이도, 나도. 이래저래 모든 슬픔을 함께한 아내도. 그렇게 또 하루 더해간다.

토리야~~ 안녕~~

물음에 답해 봅시다!

답이 정해진 일들만 하고 있는, 아니 하고 싶은 것은 아닐까?

혹시라도 정해진 답은 아니라 하더라도, 별다른 노력 없이 손쉽게 답을 유추할 수 있는 일들만 하고 있는, 아니 하고 싶은 것은 아닐까?

나와 함께하는 일들의 의미는 무엇일까?
나는 어떤 의미 속에 하루를 보내고 있을까?
답이 정해진 일들만 하는 것은 삶의 의미를 덜어내는 것일까?

그렇지 않으면, 예측 가능한 일, 그것을 통해 답을 척척 찾아내는 또는 찾아가는 과정이야말로 삶에 의미를 부여하고, 삶의 여유를 찾아가는 것은 아닐까?

문득 이런저런 생각들이 스친다. 아니, 머문다.

한 해도 바쁘게 지나갔고, 지나가고, 지나갈 것이다. 며칠이 지나면 6월이니 벌써 한 해의 절반을 향해 간다. 그렇게 돌아보니 '일'이라는 단어들이 궁금하다.

현재의 내가 하고 있는 일, 미래의 내가 해야 할 일, 과거의 내가 했던 일들까지. 어쩌면, 내가 하지 못한 일, 내가 할 수 없는 일, 내가 할 수 없었던 일들이 그것들과 이리저리 얽히고설키어 내 생각을 조금 더 복잡하게 하는 것일 수도 있겠다.

아쉬움, 미련, 회한, 후회, 안타까움 등등의 감정…….

삶이 그렇듯 답은 없다. 하나를 가지면 하나를 놓아줘야 한다. 다만, 지금 이 시간에도 사무실이라는 공간과 점심시간이라는 시간을 통해 나란 사람과 나란 사람이 하는 일을 생각한다. 그렇게 조금씩 의미를 부여하고 그 의미를 찾아간다.

오늘, 내가 왜 이런 생각을 하게 되었을까 생각한다. 어제, 아내가 보내준 아이의 학습활동 문자와 사진 때문이다. 사실, 어제는 업무 중에 전달된 아내의 사진과 문자를 꼼꼼하게 읽지 못했다. 퇴근 후, 집에서 다시 한번 찬찬히 살펴보니 아내가 왜

"그거 봤어?"라고 했는지 알 수 있었다. 처음에는 아내에게 "아이가 아직도 할아버지가 돌아가신 날을, 어쩌면 그 이전과 이후에 슬픔이 컸나 봐"라고 답하고, 잠시 후 "그런데, 엄마한테 쓴 편지는 있는데 왜 아빠한테 쓴 편지는 없는 거야?"라고 더하는 정도였다.

솔직히, 엄마를 중심으로 함께하는 아이의 일상과 생각이 당연할 수도 있지만 그래도 나는 아빤데, 아빠에 대한 아이의 마음도 궁금했다. 이유야 어쨌든, 아이의 답들이 문득, 오늘 내게 전해졌다.

어린 아들의 답을 통해 아주 어릴 적 '아이였던' 나와, '아빠가 된' 지금의 나를, 그리고 '아이의 할아버지만큼 나이가 된' 나를 떠올려 봤고, 생각해 봤고, 그려봤다. 정확한, 정해진 답은 없지만, 나 자신에게 물어(는) 봤다.

나는 아이와 같은 질문을 아이 나이에, 지금의 나이에, 그리고 다시 아주 먼 훗날 삶이 저물어 가는 나이에 어떻게 답할 수 있을까?

아이는 다음과 같은 물음에 또박또박 성실하게(?) 답했다.

먼저 마음을 나타내는 말 중에 '질투 나요'에는 '나보다 친구가 칭찬받을 때'라고, '두려워요'에는 '공포영화 볼 때'라고, '슬퍼요'에는 '할아버지가 돌아가실 때'라고, '자랑스러워요'에는 '상 받을 때'라고 답했다. 그리고 '고마운 마음을 전하는 편지를 써 봅시다'라는 글에는 '엄마에게'라는 제목으로 '안녕하세요. ○○○입니다. 맛있는 음식을 주셔서 감사합니다. 정말 정말 너무 아주 고맙습니다. 생선구이가 아주 맛있었어요. 다(채소만 빼고) 먹고 싶은데 어쩔 수가 없어요. 그럼 안녕히 계세요. 2022년 ○월 ○○일, ○○○'

아이처럼, 나도 글이 아니더라도 하나씩 답해 봐야겠다고 생각했다. 육아 전문가들은 말한다. 감정을 하나하나 세분화하여 구분하고, 그 감정에 이름 짓는 일이 아주 중요하다고. 건강한 어른으로 성장하는 데 무척 중요하다고. 그런데 어른이라고 그 일이 중요하지 않을까?

생각해 본다. 초등학교 2학년 교과서에 실린 질문들을 제법 진지하게.

나는 어떨 때 질투가 날까? 어떨 때 슬플까? 어떨 때 두려울까? 또, 어떨 때 자랑스러울까? 정작, 최근에 그런 감정을 느낀 적은 있었을까? 또 고마운 마음을 전하는 편지를 쓴다면 누구에게 써야 할까?

    그렇게 생각하니 편지는 아니더라도 오늘, 당장, 퇴근하면 아내와 아이에게 '고마운 마음'은 꼭 전해야겠다고 명확한 답이 나왔다. 하지 않았을, 잊고 지냈을 아주 중요한 '꼭 해야 할 일'이 또렷하게 생겼다. 하루하루 함께하니 고맙고, 또 고맙다고. 남편은, 아빠는 지금도 그리고 앞으로도 물음에 답할 수 없는 많은 일이 있겠지만 그저, 그냥 우리가 함께라면 즐겁게, 유쾌하게 맞이할 수 있을 것 같다고.

    점심시간이 끝나간다. 대다수 질문에 답은 하지 못했지만, '물음에 답해 봅시다', 나름 오묘한 재미가 있는 말이라 생각한다.

하나씩은 있다

현충일까지 계속되는 황금주말이라 편안한 마음에 누워 있는데 곁에 있던 아내가 말했다.

"아들, 이제는 임 씨 중에 아빠 코가 제일 크다."

황당하지만 대번에 이해했다. 그것은 그리움, 어쩌면 아쉬움이다. 왜소한 체격, 작은 얼굴에도 불구하고 일반 성인 대다수보다 코가 컸던 할아버지, 나의 아버지가 돌아가셨으니, 왕위 계승하듯 큰 코 자리를 내가 물려받았다. 아이도 임 씨지만, 이제 겨우 아홉 살이니. 아직 자리에 오르려면 멀었다.

아내가 한 마디 더했다.

"아들, 그리고 엄마는 목소리가 제일 커!"

아내는 역시 엉뚱하다. 계속 듣기만 하며 웃고 있는데 아이도 지지 않겠다고 한마디 보탰다.

"엄마! 나는 자존심이 제일 세!"

그 말을 들으며 생각했다. 얼굴에 있는 코가 됐건 몸에서 뿜어져 나오는 목소리가 됐건 그렇지 않으면 눈에 보이지는 않지만 그런 것들보다 몇 배는 더 중요한 자존심이 됐건, 우리 가족 모두 골고루 자랑할 만한 무엇이 하나씩은 있구나, 라고.

겨우 '삼십오' 차이

솔직히 어떤 이야기 중이었는지 정확하게 기억나지 않는다. 하지만 아이는 분명히 답했다.

"아빠, 그래 봐야 우린 겨우 삼십오 차이야."

아마도 아이에게 이런저런 부탁 또는 당부를 하던 중에 그랬던 것 같다. 아이는 그게 조금, 어쩌면 많이 불편했던 모양이다. 나는 아이의 말을 잠시 생각했다.

'겨우 삼십오 차이'라고 했지만, 그 '겨우'는 끝내 극복되지 않을 것이라고.

나와 아이는 서른다섯 살 차이가 난다. 그 차이는 서로의 삶이 지속되는 동안, 절대 가까워질 수도, 극복할 수도 없는 물리적 숫자다. 아이에게 말했다.

"아들, 다른 건 노력하면 충분히 가능하겠지만, 나이 차이 삼십오는 쉽게 극복되지도 않을뿐더러 어쩌면 영원히 따라잡을 수 없는 숫자일지 몰라."

아이는 지지 않겠다는 듯,

"아니지. 내가 신한테 아빠 나이는 멈추어 달라고 하면 되지. 나만 나이를 먹으면 되지."

"아들, 아빠도 지금 나이에서 나이를 안 먹으면 정말 좋겠는데 그게 그렇게 간단한 문제가 아니야. 사람은 누구나 일 년이 지나면 한 살 더 먹게 되는 거야. 그게 쉽지만 또 어려운 삶의 이치야. 아들도 조금 더 어른이 되면 아빠가 지금 왜 이렇게 말하는지 이해할 수 있을 거야."

귀엽고 기특한, 엉뚱한 발상에 다소 장황하게 답했다. 그러다 문득, 작년 11월에 삶을 다한 아이의 할아버지가 생각났다.

아이의 표현을 잠시 빌리면 나와는 '겨우, 삼십이 차이'가 난다. 나이 차만 보자면 아이와 나보다도, 나와 내 아버지 사이가 더 가깝다. 1947년에 태어나신 아이의 할아버지와, 1979년에 태어난 나의 나이 차이는 나와 아이의 나이 차이보다 숫자 '3'만큼 작았다. '겨우'라는 단어를 써야 한다면 아들과 나보다, 아버지와 내가 더 적당하다.

그게, 그 차이가 꽤나 오랜 기간 지속될 것이라 생각했는데, 삶은 그렇지 않았다. 이제 아이의 할아버지, 그러니 내 아버지는 숫자 75에 멈춰 있고 나만 43을 지나 44에 닿았다. 이렇게 '겨우, 삼십이 차이'가 '겨우, 삼십일 차이'가 됐고, 내년이면 다시 '겨우, 삼십 차이'가 될 것이다. 점점 그 간극이 좁아지고 있다. 그러다 언젠가는 '겨우'라는 단어조차 쓸 수 없는 날이 오겠다. 내가 '75'라는 숫자에 닿으면.

그렇게 생각하니 아이의 말도 틀린 말은 아니었다. 아이의 할아버지가 삶을 다한 날이 갑작스레 왔듯, 내가 삶을 다할 날도 언젠가는 오겠다. 그 이후에 지금의 나처럼 아이의 삶이 지속적으로 멈춰 선 나의 시간에 닿아 언젠가 숫자 '0'으로 기록되겠다.

영원히 지속될 것이라 생각했던 숫자들도, 끝내는 닿을 수 없을 것이라 생각했던 숫자들도, 그 의미는 조금씩 변해갔고, 조금씩 변해간다. '삶'과 '죽음'이라는 단어 앞에 마주하는 숫자들은 더욱 그렇다. '삶'과 '죽음'이라는 단어 앞에 마주하는 상황들도.

얼마 전, 아이의 할머니는 건강검진을 앞두고 얘기했다.

"이번에 수면내시경을 할 때, 혹시 모르니까(나이가 있어 수면내시경에서 깨어나지 못할 수도 있으니) 얘 고모가 먼저 하면 수면내시경에서 깨는 거 보고, 나는 그다음에 해야겠어."

그동안 수십 번 수면내시경을 하면서 단 한 번도 생각해 본 적 없다. 내가 깨어나지 못할 수도 있다는 것을. 남편을 먼저 보낸 아이의 할머니는 삶의 숫자 '74'를 그저 바라볼 수만은 없는 듯하다. 나 역시 74세 어머니가 예전처럼 보이지는 않는다. 꼭 먼저 떠난 배우자가 아니더라도 어쩌면, 그 나이가 되면 삶을 바라보는 관점에도 차이가 날 수 있겠다 생각한다. 내가 지금 너무도 당연하게 생각하는 것들, 미처 생각지 못한 세계, 그런 것들이 아이의 할머니에게는 전혀 달리 보일지도.

어제는 내가 건강검진을 받았다. 예전에도 같은 상황이 있었는데 못 들었던 걸까. 아니면 그런 상황이 공교롭게 어제 처음 있었던 걸까. 앞서 검진을 받던 어르신이 뭐라 묻자 직원이 답했다.

"우리 병원에서 65세 이상은 수면내시경을 해드리지 않아요. 일반내시경으로 하시겠어요?"

문득 '개인차는 있겠지만 삶이 어떤 숫자에 다가갈수록 삶의 선택은 넓이도, 깊이도 점차 줄어들기도 하는구나'라는 생각이 스쳤다.

아빠!
아빠도 안으로 들어와

짧은 순간에 큰 감동이 몰려왔다. 몽글한 마음이 몰려와 뭉클했다.

'이래서 부모가 되어봐야 하는구나!'

'하루 일상'이라는 말처럼 별다른 것 없는 하루였다. 아침에는 여느 때처럼 회사에 갔다. 회사에서는 회의가 많았고, 회의 관련 여러 가지 일을 처리했다. 정신없이 업무를 보다 보니 퇴근 시간이 됐다. 나는 남들보다 일찍 퇴근한다. 비교적 시간을 맞춰 집에 들어가서 아이와 소중한 일상을 보내고 싶기 때문이다.

집에 와서도 여느 때처럼 일상이다. 저녁을 먹었고, 아내와 아들의 손을 잡고 산책에 나섰다. 천변을 돌기 전에는 거의 매일 분리수거를 한다. 천변을 도는 길, 아이는 길을 따라 킥보드를 탄다. 익숙한 길, 익숙한 일. 익숙하지만 매일 같이 새롭게 반짝이는 소중한 일상이다. 이 시간이 더없이 좋다. 아이는 발을 힘껏 구르며 내달리고 아내와 나는 그 모습을 뒤에서 바라보며 두런두런 이야기를 나눈다.

아이는 길이 울퉁불퉁하고, 차가 많은 곳을 지나자마자 내게 제안한다.

"아빠, 우리 지금부터 달리기 시합하자! 내가 '시작'이라고 하면 최선을 다해 달리는 거야. 봐주기 없기야."

왼쪽 발목이 조금 불편했지만 '뭐, 아들이 뛰자는데, 그래, 뛰자. 뛰어!'라는 생각으로 달렸다. 조금 천천히. 그러다 아이가 나를 따라잡을 것 같으면 조금 빨리. 그렇게 '천천히'와 '빨리'를 적절히 반복하며 티가 나지 않게 완급조절을 했다. '봐주기 없기'라고 해놓고 아이는 분한 모양이다.

"아빠! 너무 빨리 달리면 내가 따라갈 수 없잖아!"

그러면 나는 힘이 빠져 힘든 척 거리를 좁혀줬고 "아들! 얼른 따라와! 아빠를 이기려면 지금보다 더 부지런히 속도를 내야겠어!"라고 게임의 흥미를 높여준다. 아홉 살 남자아이는 늘 진심이다. 거친 숨을 몰아쉬면서도 있는 힘껏 속도를 높였다. 그러다 어느 순간 나를 '살짝' 앞섰을 때, "아빠! 내가 이겼다. 내가 이겼어!"라고 말하며 얼른 "이제 오늘 시합은 끝이야!"라며 일방적으로 달리기 종료를 선언한다.

그때부터는 천천히 함께 걷는다. 조금 뒤 아이는 영 마음에 걸리는지 이야기한다.

"아빠, 기다리고 있어. 내가 엄마 데리고 올게!"

시간이 조금 흐르자, 아이는 엄마와 손을 잡고 곁으로 온다. 그런데 갑자기.

토도독 톡. 톡톡톡.

팔뚝에 한두 방울 물방울이 떨어진다. 아이도 먹구름이 잔뜩 낀 하늘을 올려다본다. 빗방울이 점점 커지나 싶더니 이내 얇은 빗줄기로 변한다.

"아들! 우리 뛰어야겠어!"

집은 가까우니 열심히 뛰어가면 될 듯한데 어라, 순식간에 거

센 빗줄기가 된다. 피할 수 없는 장대비다. 아이는 용케 잎이 무성한 작은 나무를 찾아 그 품으로 뛰어 들어간다. 아내도 아이의 곁으로 간다.

'아, 잘 됐다. 내가 얼른 집에 가서 우산을 가지고 다시 데리러 와야겠네.'

비는 맞았지만, 그래도 우산을 가지러 집으로 가려 했더니 아이가 천진한 얼굴로 나를 올려다보며 이야기한다.

"아빠! 아빠도 안으로 들어와도 돼. 얼른 이리 와! 여기 있으면 비 별로 안 맞아. 나랑 같이 있자. 이리로 와."

순간, 행복했다. 심술 난 밤하늘에서는 주룩주룩 장대비가 내리지만, 비에 흠뻑 젖은 내 아이는 아무렇지도 않다는 듯 개구진 표정으로 살랑살랑 손짓을 한다. 마치 운이 좋다는 듯, 보물을 찾은 듯, 웃으며 나를 위해 준다. 그는 나의 아빠니, 내가 지켜준다는 그런 느낌으로.

뭐랄까? 이걸 뭐라 표현하면 좋을까? 말로는 표현할 수 없다는 게 이런 게 아닐까? 이런저런 단어들, 이런저런 감정들, 그 모든 것을 포괄할 수 있는 단어는 뭐가 있을까? 아무리 생각해

도 완벽한 단어는 없다. 느낌 자체로의 느낌이니. 그나마 하나
를 고른다면 '행복'이라는 극도로 추상적인 단어가 아닐까.

　지금 다시 떠올려도 자연스레 '행복'이라는 명사와 '행복하다'라
는 형용사가 생각난다. 아이의 그때, 그 표정, 그 말들과 함께. 그
가 나의 아들이라, 내가 그의 아빠라 참 좋다.

괜찮아,
괜찮을 것 같아

아이는 말했다. "아빠는 항상 그러더라."
나는 생각했다. '내가, 뭘, 항상, 그랬다, 는 거지?'

시간을 두고 가만히 기다릴까 고민하는데, 그럴 겨를도 없이
아이가 보탰다.

"아빠, 아빠는, 항상 무슨 일이 있으면 '괜찮아', '괜찮을 것
같아'라고 말해."

내가 진짜 그런가? 잠시 또 고민하는데, 아이가 더했다.

"아빠, 아빠는 내가 넘어져서 아프다고 말해도 '괜찮아'라고,
서점에 갔을 때도 읽고 싶은 책이 없다고 말해도 '어쩔 수 없지
뭐. 그래도 괜찮아'라고 말해."

그렇게 몇 가지를 더했다. 그 얘기를 들으며 '음… 그래… 내가 그렇게 말하지'라고 생각했다.

틀린 말이 아니었다. 대부분의 경우 '괜찮아'라고 생각하고, 그다음에는 자연스레 '괜찮을 것 같아'라는 문장을 더한다. 그것이 입 밖으로 나오든가, 그렇지 않으면 입안에서 머리로만 전달되던가. 물론 아이의 말, 또는 아이의 마음에 먼저 공감하는 것이 부모의 주요한 역할인 것은 잘 안다. 내가 접했던 수많은 육아책에서 그렇게 말했고, 아내 또한 그것을 반복해서 얘기했기 때문이다. 무엇보다, 내가 아이와 함께하니 왜 그렇게 말하고, 왜 그렇게 행동해야 하는지 알겠다.

그렇게 잘 알고 있는데, 불필요한, 내 나름의 이유이자 변명을 잠깐 옮겨본다. 내가 '괜찮아'라고 하는 경우는 아이에게 또는 그 밖의 사람들에게 '주어진 상황'을 너무 나쁘게만 보지 말자는 것이다.

어떤 'A'라는 것을 기대하고, 고대하고, 희망하고, 그것이 아주 간절한 경우도 있겠다. 그렇지만 세상사 모든 일이 그렇듯 반드시 내 앞에 'A'가 주어지진 않는다. 때로는 'A'와 비슷한 것이 주어질 때도 있고, 때로는 'A'와 전혀 다른 'B' 또는 'C'가 주어질 때도 있다. 아니 사실 그럴 때가 훨씬 많다. 더 심하게는 'B'가 됐건, 'C'가 됐건 그 무엇이라도 주어지면 좋은데, 그 어떤 것도 주어지지 않을 때도 있다.

그때, 그 상황을 받아들이는 마음이 '그래도, 괜찮아' 정도라면 좋겠다. 거기에 '괜찮을 것 같아'라고 스스로 조금 더 다독이면 좋겠다. 나라는 사람이 지금까지 살아오며 경험한 많은 말들이 있다. '사과', '배', '딸기' 등과 같은 한 단어의 명사일 수도 있고, '좋다', '싫다', '훌륭하다' 등과 같은 형태를 나타내는 형용사일 수도 있다. 때로는 '먹다', '자다', '움직이다' 등과 같이 움직임을 나타내는 동사일 수도 있다. 이래저래 따져보니 나 또는 내 주변을 둘러싼 많은 것들, 어쩌면 생각들, 그 자체를 제외한 모든 것은 명사, 형용사, 동사 등으로 설명할 수 있겠다.

그렇게 가만히 생각해 보니 나는 '괜찮아'라는 말이 제법 마음에 들었다. '지금 상황이 괜찮아', '지금 상황도 괜찮아', '지금 상황은 괜찮아' 등등의 문장을 만들어 보니 그 의미가 조금 더 분명해진다. 앞으로 아이가 접할 많은 일 중에 솔직히 '괜찮지 않은' 일들도 있겠다. 그때, 나는 아이에게 말할 것이다. 아마도 지금처럼. "아들, 괜찮아. 한 번 더 해보면 괜찮을 것 같아. 그러다 보면 얼마 지나지 않아 괜찮아질 거야"라고.

습관처럼 하는 말들이 습관을 만들겠기에, 한 번 더 살펴야겠지만, 그 또한 괜찮다. 지금까지 살아보니, 지금처럼 살아보니, 괜찮을 것 같다. 내 인생이, 내 삶이 그리 나쁘지 않은 길로, 그 방향으로 나름대로 잘 가고 있다 생각하니.

두서없이 썼다. 지금 마음이 딱 그렇지만 그 또한 괜찮다. 조금 지나면 그 또한 괜찮아질 테니.

초능력

　최근 주말 아침에는 빵을 자주 먹는다. 아이가 태어나기 전에는 꼬박꼬박 밥을 먹었고, 태어난 이후에도 한동안 그랬다. 종종 늦게까지 자면 점심이 애매하게 걸쳐 간단히 빵을 먹고 점심을 먹는 날도 있었다. 그러다 얼마 전 아내가 선언했다.

　"우리도 토요일, 일요일은 아침에 빵 먹자. 간단하게 먹자! 나도 일주일 내내 세 끼 밥하는데, 주말 아침은 여유 있게 시작하고 싶어."

　그렇다. 생각해 보니 그동안 모두가 누리는 주말 아침의 여유가 아내에게는 없었다. 사실 아내는 주중에는 아이와 내가 후다닥 먹고 나갈 만한 간단하지만 따뜻한 밥을 아침에 항상 준비한다. 저녁에는 아이와 내가 좋아하는 것들로 제법 푸짐한 한 상을 차려준다. 주말 점심과 저녁에는 항상 아이와 내게 주문을 받아 기꺼이 만들어 내어준다.

또 매일 밥을 먹으니, 빵이 특별식이다. 더욱이 아이는 요즘 빵을 좋아한다. 편식이 제법 심해 간식도 거의 안 먹는데, 빵에 취미를 붙인 게 신기하고 반갑다. 뭐든 잘 먹었으면 하는 부모의 바람대로 느리지만 또박또박 의도한 방향대로 잘 크는 것 같다.

여하튼 대체로 금요일 저녁에 빵을 준비해 두는데 이번에는 그렇지 못했다. 토요일 아침, 아이와 내가 집 앞 빵집을 다녀오기로 했다. 현관을 나서기 전,

"아들, 엄마는 어떤 빵을 먹을 건가 물어봐?"
"엄마는 그냥 아무거나 괜찮다. 아들 먹고 싶은 거 많이 사와!"

'아무거나'라고 하지만 아내가 먹는 빵은 정해져 있다. 빵보다 중요한 건 사실 따뜻한 커피다. 집에도 커피가 있지만, 이런 날은 또 남편이라는 이름으로 센스 있게 테이크아웃해 가면 아내는 생각지도 못했다는 듯 활짝 웃으며 아이처럼 반긴다. 오늘도 꼭 커피 사 와야지, 라는 마음으로 아이의 손을 잡고 집을 나섰다. 빵집은 집 앞 50m. 아이는 편안한 잠옷 차림에 외투만 걸친 채로 슬리퍼를 신었다. 엘리베이터에서 오늘은 어떤 빵을 먹을까 얘기를 나누는데 아이가 묻는다.

"아빠, 아빠는 어떤 초능력이 있으면 좋겠어? 왜 그런 거 있 잖아. 하늘을 날 수도 있고, 힘이 엄청 세져서 자동차를 번쩍 들어 올릴 수도 있고."

아침부터 뜬금없는 '초능력'이라니, 남자 어린이와 하는 대화 는 항상 어디로 튈지 모른다. 어리둥절하지만 잠시 성의껏 생각 해 본다.

'초능력'이라… '초능력'…

아이의 말처럼 내게 초능력이 있다면, 아니 오늘부터 당장 어 떤 초능력이 생긴다면 무엇이 좋을까 생각해 본다. 엘리베이터 문이 열리고 다시 아이가 말한다.

"아빠, 아직까지 생각을 못 한 거야? 아빠가 원하는 거 있으 면 내가 아빠한테 그 초능력을 줄 수 있어."

이건 또 무슨 소리지, 싶은데 아이가 설명한다.

"아빠, 사실은 내가 요즘 초능력 얘기로 책을 쓰고 있거든. 거기에 주인공이 많이 나오는데 아빠도 주인공으로 만들어 줄 수 있어."

고맙다, 고마워. 의도는 알겠는데 여전히 생각나는 초능력은 없다. 어릴 적의 나라면 어땠을까 생각해 본다. 투명 인간도, 독수리처럼 하늘을 훨훨 나는 사람도, 튼튼한 다리가 있어 아주 높은 건물을 훌쩍 뛰어넘는 사람도 되고 싶었을 수도 있겠지. 그런데 지금의 나는 그런 것들이 어쩌면 너무나 허무맹랑한 것임을 잘 알기에 갖고 싶다는 생각조차 하지 못하고 있다. 설령 과학의 발달로 그것이 가능하다고 해도 아직은 와닿지 않는다. 내 것이 아닌 것에 원래 관심도 욕심도 없는 편이다. 솔직하게 아이에게 말한다.

"아빠는 지금이 좋은데? 딱히 아픈 곳도 없고, 딱히 부족한 것도 없는, 지금이 딱 좋은데?"

하지만 아이는 내게 꼭 초능력을 주고 싶은 모양이다.

"아빠, 내 생각에는 아빠가 스피드 초능력이 있으면 좋을 것 같아. 아빠는 강의를 많이 하잖아. 스피드 초능력이 있으면 지각하면 어쩌나 걱정할 필요도 없을 거야. 내가 아빠한테는 스피드 초능력을 줄 거니까 아빠가 필요하면 사용해."

건성인 듯 고마운 듯 고맙다, 얘기하며 빵집으로 들어선다. 각자 좋아하는 빵을 찾고 아내의 빵은 '꽈배기'로 아이가 고른다.

"아들, 그런데 엄마 빵은 왜 그걸로 골랐어?"

"응, 엄마가 요즘 당이 부족해 보여서. 엄마는 단 거 먹어야 힘이 나니까."

집으로 돌아오는 짧은 시간, 다시 또 초능력 얘기가 이어진다.

그런데 아빠! 나는 무슨 초능력이 좋을까? 를 시작으로 나는 달리기를 잘하는 스피드도 좋고, 모든 것을 기억하는 뛰어난 두뇌도 괜찮아, 까지 쉬지 않고 이야기한다. 나는 정말로 괜찮은데, 그런 특별한 능력은 없지만 내게 주어진 것들에 만족하며 사는 평범한 삶도 꽤나 괜찮다고 생각한다. 초능력, 고맙지만 사양한다. 진심으로.

오늘 하루,
신나게 놀았다

　토요일에는 잠시 회사를 다녀왔다. 일요일에 조금 더 신나게, 조금 더 집중해서 놀기 위해.

　요즘 가능하면 주말에도 회사를 나간다. 정부 부처 파견으로 2년 동안 회사를 떠나 있었기에 몸도 마음도 회사에 적응하려면 시간이 필요하다는 자발적인 상황 판단에서다. 조용한 사무실에서 혼자 차를 마시며 책상 뒤편에 놓인 자료들을 보기도 하고, 전임자로부터 인계받은 파일들을 확인하기도 한다. 아직도 볼 그리고 봐야 할 자료들이 여전히 많지만, 어쨌든 그렇게 한 달의 시간이 정신없이 흘렀다. 시간과 그 시간 안에 담긴 많은 일이 내 몸과 내 마음을 이리저리 훑고 지나갔다. 아직은 모르는 것도 궁금한 것도 많지만 이제 어느 정도 '감'은 찾았다. 회사원으로서 가져야 할 업무에 대한 기본적인 '감' 말이다.

　생각보다 많은 것이 변한 것 같기도 또 생각만큼 많은 것이

변하지 않은 것 같기도 하다. 그런 시간을 지나 모처럼 맞이한 온전한 하루. 토요일 저녁, 아이에게 "아들, 며칠 있으면 방학이 끝나는데 혹시 방학 동안에 꼭 한번 해 보고 싶은 것 있어?"라고 물었다. 아이는 잠시 고민하는 듯하더니 "아빠, 동물원에 한 번 더 가보고 싶어!"라고 답했다. 지난번에 아내에게 전해 들었기에 예상은 했었다. 나도 아이의 겨울방학 동안 꼭 한번 함께 동물원에 가고 싶었다. 방학 전부터 아이와 약속했는데 이를 지키지 못했고, 그런 남편을 위해 주중에 아내가 아이와 둘이서 다녀왔었다. 이번에는 기필코 종일 신나게 놀아야겠다는 생각에 따뜻하게 챙겨 입고 집을 나섰다.

아파트 상가에서 김밥을 샀고 아내는 커피를 테이크아웃 했다. 집에서 동물원까지는 자동차로 35분 정도 거리. 생각보다 멀지 않고, 딱히 막히는 길도 아니었다. 1시가 조금 못 돼서 동물원에 도착했다. 잠시 걸으니 '설 명절 특별 이벤트가 있다'라는 안내방송이 스피커를 통해 흘러나온다. 공연은 댄스 퍼포먼스로 시작됐다. 쌀쌀한 날씨에도 박진감 넘치는 춤을 신나게 추는 댄스팀을 향해 열정적(?)으로 박수를 치고, 함께 리듬을 맞췄다. 어설프지만 노력하는 아빠의 모습이 눈에 띄었는지 사회자가 나를 무대 앞으로 불렀고, 작은 기념품을 받았다.

딱지치기 게임이 이어졌고, 나는 한 판을 이겼고 아이는 그렇지 못했다. 다행히 우리 부자가 모두 다음 라운드에 진출했지만, 아쉽게도 둘 다 탈락했다. 그래도 기분은 좋았고 마음은 신났다. 나도 아이도. 아내는 우리 부자의 모습을 부지런히 사진에 담았다.

마지막 게임은 우리 가족이 모두 참여했다. 99초 제한시간 안에 내가 먼저 제기를 3개 이상 차면, 아이가 다음으로 윷을 던져 '개' 이상이 나오면 됐고, 아내가 마지막으로 3개의 투호를 던져서 1개가 성공하면 됐다. 성공 여부를 떠나 가족이 힘을 합쳐 뭔가를 한다는 사실이 신났고, 즐거웠다. 사회자 말처럼 그것만으로도 게임의 의미는 충분했다.

아이는 지난번에 엄마와 탔던 '슈퍼바이킹'이 재밌었는지 "아빠, 나랑 바이킹 네 번 타자!"라고 말했다. 네 번이나?? 나는 속이 조금(?) 불편했지만 참고 참아서 세 번까지 탔다. 늦깎이 회사원 아빠의 한계다. 온 가족이 '범퍼카'를 탔고, '와일드스톰'이라는 스릴 넘치는 놀이기구도 탔다. 아내와 둘이서 54m 높이에서 떨어지는 '자이언트드롭'이라는 아찔한 놀이기구도 탔다. 아이는 엄마, 아빠의 모습을 구경했고 나에게 "아빠, 겁 많이 먹은 얼굴이었어!"라고 말하며 무척 즐거워했다. 그렇게 신나게 이벤트를 즐기고, 맘껏 놀이기구를 타고, 호랑이, 사자, 곰 등등의 동물을 구경했다.

그중 아이는 아기 양에게 먹이를 주는 것을 가장 재미있어했다. 몸집 좋고 요령 있는 어른 양이 먹이를 주는 아이에게 머리를 들이밀어도, 아이는 꿋꿋이 요리조리 피해가며 아기 양에게 먹이를 주려고 애썼다. 아기(?)가 더 아기를 돌보는 모습이 귀여웠다.

집으로 돌아오는 길, 아이는 '왕뱀' 인형도 하나 가졌고 바람이 많이 부는 날이라 이름은 'O풍'이라 지었다. 오늘 하루, 신나게 놀았다. 덕분에, 정말 잘 놀았다.

'낮'과
'오후'의 차이

지난주 아이는 1학년을 잘 마무리했다.

내가 30여 년도 전에 들었던 '종업식'이라는 단어를 아이도 여전히 사용하는지 정확히 모르지만, 어쨌든 아이는 2학년이 됐다. 조금 더 정확히, 1학년은 이미 마쳤고 2학년은 아직 준비중이다. 봄방학, 듣기만 해도 신나고 설레는 그 '봄방학'이라고 한다.

지난날들을 가만히 돌아보니 1년이라는, 365일이라는 시간이 참 빠르게 지나갔다.

커다란 가방을 메고 커다란 신발주머니를 들고 아이가 처음 교문을 들어서던 날, '아이가 친구들과 즐겁고 신나고 재밌는 학교생활을 잘 해야 할 텐데… 잘 할 거라고 믿지만, 그렇게 응원하지만, 혹시 그렇지 못하면 어떡하지'라고 잠시 걱정했다.

아빠가 되기 전에는 어린 아이를 둔 지인들이 참 유난스럽다고 생각할 때가 많았는데, 내가 막상 '아빠'라는 자리에 앉아 '부모'라는 이름으로 살아보니 그들의 마음이 이해가 된다. 아이와 관련한 아주 작은 하나, 하나의 일에도 관심을 두게 되고 그것이 또 가끔은 걱정거리가 된다. 이미 더 걱정이 태산일 아내에게는 아무렇지 않은 척, 별일 아닌 듯 말하면서도 내심 나도 불안할 때가 있었다. 머릿속에 일어나지 않은 장면들이 겹치며 마음이 복잡해지는 순간도 적지 않았다.

아이는 항상 부모의 걱정보다 단단하고 잘 자란다는 이야기를 들은 적 있다. 정말 그런 것 같다. 입학 후 아이는 "아빠, 학교가 너무 재밌어. 그리고 담임선생님도 정말 좋아"라는 말을 자주 했다. 곁에서 지켜보니 아이의 학교는 믿을 수 있는 곳이었고, 무엇보다 담임선생님은 꽤나 훌륭한 분이라는 생각이 든다. 직접 뵙지는 못했지만, 아내를 통해 전해 들은 말들만으로도 아이들과 함께하는 선생님의 모습을 상상해 볼 수 있었다.

딴에는 방학이라고 더 들뜬 모습으로 신나게 놀고 있는 아이를 보고 있으니 자연스레 몇몇 추억들이 떠올랐다. 어떤 것들은 꽤나 오래, 또 어떤 것들은 순간 사라졌다. 그중에 내게는 아주 소중하고 의미 있는 일들도, 아내와 아이에게는 기억조차 나지 않은 것들도 있겠다. 반대로 아내와 아이에게는 너무나 또

렷한 추억들이 내게는 그저, 평범한 일상 중에 하나로 기억될 수도 있겠다. 그렇게 추억여행 중인 내게 아이가 느닷없이 물었다.

"아빠, 그런데 말이야… '낮'이 먼저야? 아니면 '오후'가 먼저야?"

이건 또 무슨 뚱딴지같은 질문인가, 싶다가 '그래도 답은 해줘야지' 싶어 막상 생각해 보니, 나도 둘의 정확한 차이를 모르겠다. '낮'과 '오후'라니… 어떻게 설명을 해야 할까, 고민하는데 아내가 답했다. "아들, 그건 말이야. '낮'은 해가 뜰 때부터 해가 질 때까지의 시간을 의미하고, '오후'는 낮 12시부터 밤 12시까지의 시간을 의미하는 거야." 아내의 답에 아이도 알겠다는 듯 "응, 엄마. 그러니까 '낮'과 '오후'가 완전히 같은 말은 아니구나"라고 받았다. 나도 덕분에 '낮'과 '오후'의 차이를 알게 됐다.

낮과 오후의 시간. 완전히 같지는 않지만, 두 단어가 함께하는 순간들을 생각해 본다. 서로가 조금씩 서로를 포함하는 시간들이. 해가 뜨고 해가 지는 동안, 그 사이에 낮 12시가 있고, 또 오후 2시도, 3시도, 4시도 있었다. 때로는 완전히 포개지는 '같음'이라 해도 되겠다.

그런 생각으로 국어사전을 찾아보니 '오후'의 뜻풀이 중에는 '정오부터 해가 질 때까지'라는 의미도 있었다. 하나를 알았다고 생각했는데 그 속에 또 다른 의미가 있었고 그렇게 생각하니 다르다고 생각했던 것들도 어쩌면 같을 순 없지만, 상당히 비슷한 경우도 있겠다 싶다.

내가, 아내가, 아이가 살아온 동안, 그리고 앞으로 살아갈 동안 접하게 될 무수한 일들, 그리고 더 많은 사람들. 지난 일들은 지금의 일과, 지난 사람들은 지금의 사람들과 어떤 차이가 있을까? 또 어떤 같음, 아니 비슷함이 있을까? 분명한 차이가 있다고 생각했던 일들, 그리고 사람들이 어쩌면 비슷했거나 같지는 않았을까?

'낮'과 '오후'의 차이를 생각하니 문득 그런 생각들이 스쳤다. 아이의 사소하고 작은 질문이 내게는 조금 다른 의미로 크게 다가온 날이었다. 아이와 함께하는 삶이라, 누군가와 함께하는 삶을 생각해 보게 된다. 아내와 아이와 함께한 지난 한 주가 차곡차곡 잘 쌓였다. 다음 한 주도 차근차근 잘 준비해야겠다. '차이', '같음', '비슷함'을 생각하며.

괜찮아,
잘했어!

언젠가, 언젠가는 그날이 올 것이라 생각했다.

꼭 그렇지 않을 수도 있지만, 그래도 그날은 올 것이라 예상했다. 그때, 아이에게 어떻게 말해 줘야 할까 꽤나 고민했다. 아니 그보다 아이는 그것을 어떻게 받아들일까 궁금했다. 앞으로 더 많은 경험이 필요한, 그것을 통해 더 많은 성장이 필요한 아이이기 때문에.

아이는 초등학교 1학년 때부터 2학년 4월까지 1년 반 남짓한 기간 동안 매주 시행된 받아쓰기 시험에서 단 한 문제도 틀리지 않았다. 시험 전 숙제로 주어진 받아쓰기에서는 몇 번 실수를 하기도 했는데, 학교에서는 그런 실수를 하지 않았다. 더욱이 집에서는 글씨도 삐뚤삐뚤한데 학교에서 가져온 시험지는 아주 또박또박하게 잘 썼다. 같은 사람이 맞는지 의문이 들기도 했다. 여하튼 아주 신기한 일이다. 초등학생 남자아이들은 몰라서보다 덤벙거리다가 틀릴 수 있는데.

이유야 어쨌든, 아이가 매번 100점을 받았으니 일단 그 노력은 먼저 칭찬을 했다. "아들, 이번에도 100점을 맞았다니 대단해. 그리고 아빠는 100점 맞은 것도 물론 좋지만, 그동안 집에서 아들이 열심히 노력한 과정이 더 좋았던 것 같아"라고. 어쩌면 육아 책에서 나올 것 같은 다소 상투적인 칭찬이었다.

그때마다 마음 한편으로는 '언젠가, 언젠가는 한 문제 또는 여러 문제를 틀릴 수도 있는데… 연속으로 성공한 횟수가 많이 누적될수록 대수롭지 않은 일이, 아이에게 상처가 될 수 있을 것 같아 내심 걱정이었다. 중간중간 한 문제씩 틀려도 좋고, 실수해도 괜찮을 것 같은데… 그렇다고 일부러 틀릴 수도 없으니… 그냥 기다려 보는 수밖에'라고 생각했다. 그런 기대(?)와 달리 아이는 어김없이 받아쓰기 100점을 맞았다. 그때마다 상투적인 칭찬은 반복됐고 꼭 해야 할 말을, 꼭 해줘야 할 말을 하지 못한 것 같은 느낌이 가득했다.

오늘도 아이가 "아빠, 기쁜 소식이 하나 있어!"라고 말했다. 이번에도 받아쓰기 100점을 맞았다는 것일 거라 생각했지만 그건 일단 아니었다. 아이는 "아빠, 오늘 선생님한테 선물교환권을 받았어!"라고 더했다. 아이에게 "선물교환권? 그게 뭐야?"라고 물었고,

아이는 "응, 그건 말이야… 내가 오늘 교실 청소를 했는데, 내가 착한 일을 했다고 선생님이 선물교환권을 주셨어. 이 교환권이 있으면 다음에 간식으로 바꿀 수 있어"라고 받았다. 아이의 말을 들으며 '너무, 너무, 너무 다행히도 학교생활이 아주 재밌나 보구나. 담임선생님과 아주 잘 지내고 있구나'라고 생각했다.

그때 아이가 말을 이었다.

"아빠, 그런데… 안 좋은 소식도 하나 있어. 그건 '받아쓰기 90점'이야."

처음에는 무슨 얘기를 하는 것인지 이해할 수 없어 아이에게 되물었다.

"'받아쓰기 90점'이라는 교환권도 있는 거야?"

그 말에 아이는 어이없다는 듯 힘줘 이야기한다.

"아빠, 그게 아니라… 내가 오늘 받아쓰기 1문제를 틀렸어. 선생님 얘기를 듣고 잘 쓴 줄 알았는데 마침표를 하나 빼먹었어."

이어 아이는 어떤 문장에서 왜 실수했는지 자세히 설명했다.

아이의 표정과 말투는 걱정과 달리 그저 담담했다. 하지만 나는 아이에게 이때다 싶어 준비했던 따뜻한 말을 전했다.

"아들, 진짜 아쉽네. 열심히 노력했는데, 아는 문제를 실수했다니 아빠도 아쉬워. 하지만 실수로 틀렸다는 것을 아는 것도 중요한 거야. 아쉬운 마음은 잊어버리고 다음에는 '내가 열심히 노력해서 아는 문제는 아는 만큼 꼭 맞혀야지'라고 생각하면 돼. 그래도 나머지 9문제는 실수 없이 맞혔으니까 그럼 된 거야. 괜찮아, 잘했어!"

준비한 것을 실수 없이 아주 길게 훈훈하게 답했다. 옆에서 바라보는 아내의 눈빛과 표정이 웃음을 참지 못해 곧 폭소를 일으킬 것 같다. 여하튼, 그렇게 잠시 아이와 얘기를 나눠보니 아이는 이미 자신감이 가득했다.

내가, 아빠라는 이름으로 걱정하는 것만큼 그렇게 쉽게 흔들리지 않았다. 이미 '아쉽지만 그깟 실수, 잊어버리고 다음에 잘하면 되지'라고 생각하고 있는 것이 분명했다.

부쩍 아이가 컸다는 생각을 한다. 툭툭 던지는 말들이, 생각이 아이가 아주 잘 크고 있음을 넌지시 얘기해주고 있다. 엄마, 아빠도 모르는 사이 아이는 그렇게 잘 자란다.

통장 만들기

'희망더하기!' 통장이라 했다. 아이가 스스로 만든 자신의 첫 통장이다. 며칠 전, 아이는 "아빠, 오늘 엄마랑 통장 만들었어!"라고 말했고, 나는 "잘했네. 안 그래도 지난번에 엄마가 통장 만들어 준다더니 잘 만들었네"라고 받았다.

아홉 살이 된 아이에게도 경제 관념은 필요하다 싶었다. 할머니, 할아버지, 외할머니, 외할아버지가 용돈을 주시면 아이에게 알려줬다. 만 원짜리, 오만 원짜리를 구분하는 법도 알려주고, 이것들이 다시 천 원으로 나뉘고, 그것들을 다시 오백 원으로, 백 원으로 바꿀 수도 있다는 것을 세세히 설명해 줬다.

마트에 가면 계산대 앞에서 아이에게 직접 계산하고, 영수증을 받아보라고 시켜보기도 했고, 학용품을 살 때는 오천 원을 쥐여 주고, 얼마를 거슬러 받으면 될지를 생각해 보라 한 뒤, 사장님에게 '계산해 주세요'라고 말하면 된다 하고, 직접 해봤다.

어떤 날은 현금을 인출할 일이 있어 아이도 함께 데려갔다. 안내에 따라 기계에 카드를 꽂으면 정해진 액수만큼의 돈이 나온다는 것도 보여줬다. 아이가 생각하기에는 이상할 수도 있었다. 기계에서 돈이 나오다니.

그렇게 아이는 돈에 대해 알아가고, 그 돈들이 모여 경제를 구성함을 배워갈 것이다.

통장을 살펴보니 115,110원을 입금했다가 바로 50,000원을 출금했다. 아내의 말로는 통장을 만들 때까지는 신이 나 있었는데, 손에 들고 있던 돈을 통장에 입금하는 과정에서 표정이 굳어졌다고 했다. 눈앞에서 모두 사라지는 것 같은 기분. 손에 쥐고 있지 않으면 실감이 나지 않는 것 같아 불안해 보이길래 무리하지 않고 "네가 원하면 원하는 만큼 다시 꺼낼 수 있어"라고 얘기해줬다고 했다. 그리고 아이와 입금한 돈을 다시 조금 인출하는 것까지 체험했다고 했다. 걱정이 사라져 마음이 편해져 기분이 좋은 아이는 지갑과 통장을 잘 보관하고 있다.

초등학교 2학년
4월 일기

　아이의 지난 일주일간 일기를 옮겨본다. 당사자와 그의 어머니인 내 아내의 동의를 받았고, 맞춤법 등은 최대한 일기의 원안 그대로 살렸다.

2022.4.14.목, 날씨 : 맑음
〈생명과 탱탱〉(생명과학 탱탱볼)

　오늘은 생명과학에서 4가지를 배웠다. (1.탄성 2.탄성체 3.탄성력(탄력(力 힘력)) 4.탄성한계). 그래서 오늘(14일 4월 목요일) 탱탱볼을 만들었다. 엄마한테 나눗셈(우리집에서 곱셈, 나눗셈을 숙제로 한다.)을 잘했다고 칭찬했다.

2022.4.15.금

〈깜놀〉

오늘은 학교 끝나고 <과학의 기초를 확실하게 잡아주는 깜짝놀라운 과학>이라는 책을 2번 봤다. 재밌다. (주인공: 파블로, 나이젤, 리첼, 젠나, 왕바퀴 박사, 베이스만 박사, 닥터 코카서스) 큰턱이(사슴벌레) (반려) 10년 넘게 살아서 힘이(그전에도 많이 살았다) 없다.

담임선생님 답장 "○○이가 과학을 좋아하는구나!!^^"

2022.4.17.토, 날씨 : 맑음

〈눈물바다〉(마음속으로)

오늘 큰턱이(반려곤충 사슴벌레)(마트에서 삼)가 죽었다. 엄청 너무 아주 슬프다. 놀이터(아무도 모르게 가족이랑)에 묻어줬다. 너무 슬프다. 그리고 할머니네 갔다. 2층으로 고모가 이사갔다. (거기서 (하루) 먹고 잤다.) (사슴벌레 수컷) 죽을 때 마음속으로 아주 너무 엄청 슬펐다.

담임선생님 답장 "○○이가 마음속으로 엉엉 울었겠구나. 사슴벌레도 ○○이를 만나 행복했을 거야."

2022.4.18.일, 날씨 : 맑음

〈대청소〉

대청소(할머니 집에서)를 했다. (나는 안했다.) 그리고 라면, 짜파게티를 먹었다. 12000도 받았다. 지금 TV를 보고 있다. 로봇과학 로봇을 분해했다. 김종국, 탁제훈, 김준호, 이상민이 나온다. 펜(유성메직, 펜)과 연필, 지우개가 나온다.

담임선생님 답장 "★★★★ ○○아~ 일주일에 5번이나 일기를 썼구나. 이렇게 성실하고 멋진 ○○이 선생님이 정말 많이 칭찬해요."

2022.4.20.수, 날씨 : 맑음

〈오늘의 책〉

오늘 책(마법 천자문 16~22권)을 봤다. 엄청 재밌다. 특히 17권 8~9쪽(페이지) 4컷 만화가 재밌다. 4개다. (1.놀아주세요(제목) 잊지 말아요. 3.강해질게요. 4.잘지내나요   (다 제목) 다시 봐도 재밌다.

2022.4.21.목, 날씨 : 맑음

〈햄스터〉

오늘 생명과학(방과후학교)에서 귀여운 햄스터를 받았다. 엄청 너무 아주 귀엽다. 일주일 키우기로 했다. 아주 엄청 큰 사육장에 키우기로 했다. 엄마도 좋아한다. 오늘도 엄마는 새로 나오려고 하는 오늘의 아빠 (지은이: 임석재 (우리 아빠가 책을 썼다) 쓴 책: 아빠의 육아휴직은 위대하다, 가장 보통의 육아)를 감수한다. 힘들겠다.

2022.4.22.금, 날씨 : 맑음

〈단단히〉

오늘 1교시를 하다가 눈이 아파서 집을 안과에 갔다가 갔는데 햄스터(토리)(햄스터 이름이 토리다)가 (건드려서) 화났다. 쿠키런도 봤다. 아빠가 폼 불편한 자세로 컴퓨터를 하고 있다. 햄스터가 화가 풀리면 좋겠다.

친구 그리고
가을 소풍

며칠 볕이 따뜻하더니, 요 며칠은 쌀쌀하다. 이번 여름 무척이나 더웠다. 이제 겨우 가을이 와서 살만하다, 했는데 어느새 겨울이 목전에 온 듯하다. 주말 오후, 베란다 빨래건조대에 널린 가을옷들을 바라보며 다시 또 계절의 변화를 체감한다.

'몇 번 입지도 못했는데…'

그렇게 한 계절이 가고 다시 또 한 계절이 들어선다. 무엇인가 물러서니 또 무엇인가 다가온다. 성큼성큼. 몸도 마음도 찌뿌둥해서 그런지 사우나가 생각났다. 아내는 사우나 생각이 없다고 해서 아이와 둘이서 집을 나섰다. 아이는 물놀이를 가듯 신이 났다.

"지난번에 갔던 곳으로 갈 거야. 이번에도 누가 숨을 더 오래 참는지 게임하자."

"뜨거운 물이 나오는 곳은 말고, 차가운 물이 나오는 곳에서 하자."

뜨거운 물이건 차가운 물이건 상관없다. 어차피 아이와 함께 하기 위한 핑계니까. 집에서 호텔 사우나까지는 차로 20분 내외 거리다. 차를 타고 가는 동안 주중의 아이 학교생활에 대해 물어 본다.

"아들, 조금만 더 있으면 3학년이네. 혹시 같은 반이 꼭 됐으면 하는 친구가 있어?"
"응, 있어. 대건(가명)이가 같은 반이 됐으면 좋겠어. 대건이랑 놀면 재밌거든."

대건이라면 이미 익숙한 이름이다.

"그런데 대건이는 1학년 때 같은 반이었어?"
"아니야. 1학년, 2학년 모두 다른 반이었어."
"참, 채나(가명)는 3학년에도 같은 반이 되면 6년 연속으로 같은 반이 되는 거지?"
"응, 맞아. 내가 어린이집에 다니기 시작하면서부터 지금까지 계속 같은 반이야. 그러니까 3학년까지 같은 반이 되면 6년 연속 맞아!"

"아빠는 진짜 궁금해. 3학년이 되면 어떤 선생님을 만나게 될지, 또 어떤 친구들을 만나게 될지."

이야기는 소풍으로 이어진다.

"아들, 며칠 있으면 가을 소풍을 가잖아. 친구들이랑 소풍을 가니까 좋아?"
"아빠, 이번에 소풍 가면 프로그램이 많대. 준비물도 많이 챙겨가야 해. 엄마가 소풍 전날에 같이 준비하자고 했어!"
"그래서 신나?"
"응, 소풍을 가서 좋아. 항상 재밌었어."

아이와 이런저런 얘기를 주고받으며 '아내가 소풍 준비로 바쁘겠구나. 원래도 준비를 지나치다 싶을 만큼 잘하는 사람인데 아이의 소풍이라면 이것저것 잔뜩 준비하겠구나'라고 생각한다. 그러다 문득, 내 어린 시절의 소풍도 떠오른다.

"아빠는 소풍이 그렇게 재밌거나 신나지는 않았어. 재미없거나 슬프지도 않았고. 그냥, 아빠는 할머니가 만들어 주신 김밥이 '조금 더 예뻤으면 좋겠다'라는 생각을 많이 했어. 친구들이 싸 온 김밥은 이쁜 도시락통에 햄, 오이, 소시지, 단무지, 시금치, 맛살까지 다양한 재료들이 잔뜩 들어가 있는데 아빠가 준비해 간 김밥은 도시락통도 오래된 거고 단무지, 맛살, 어묵, 계란 정도만 들어있었거든. 그때는, 이쁜 도시락에 담긴 더 이쁜 김밥이 부러웠어."

혼자만의 감상에 한참을 얘기했다. 가을 소풍도 그랬고, 가을 운동회도 그랬다. 돌아보니 그랬고, 누나도 형도 모두 그렇게 자랐다. 이제 조금의 시간이 지나 아이도 내 나이와 같은 삶을 지날 때면 추억하겠다. "아빠, 내가 어릴 때 있잖아. 초등학교 2학년, 아홉 살 때. 그때가 문득 생각나"라고 말하며 잠시 후 이런저런 추억들을 얘기할 날이. 시간이 흘러 미래의 어느 날 자신의 삶을 되돌아본 아이가 '나는 지금 생각해도 그때가 너무 좋았어. 그때가 너무 행복했어. 엄마랑 아빠랑 다 좋았고, 다 행복했어'라고 말할 수 있다면, 그럼 지금의 나도, 그리고 미래의 나도 더 좋겠다.

시험을 잘 보는
세 가지 방법

올해 수능도 끝났다. 우리 가족과는 별다른 관련이 없다. 아내와 나는 20여 년 전에 수능을 봤고, 아이는 이제 겨우 아홉 살이다. 하지만 주변에는 수험생 부모가 좀 있다. 회사 선배 중에도 몇몇이 있고, 아내의 친한 언니의 아들이 시험을 봤다. 조금 무심했나 싶긴 한데 나의 먼 친척의 첫째 딸도 이번에 수능을 봤다고 늦게 들었다.

평생 수능의 직간접적인 영향권에서 살고 있는 게 우리나라 사람인 것 같다. 지인을 잘 챙기는 성향의 아내는 친한 언니의 아들이 수능을 본다는 소식에 대전의 유명 빵집인 '성심당'까지 가서 선물을 사서 건넸다고 했다. 아홉 살 아들도 함께 갔는데, 여기서 재밌는 에피소드가 생겼다.

아내는 아이에게 "준서 형, 내일 '수능'이라는 시험을 봐, 잘 보라고 응원해 줘!"라고 말하니 아이가 "'수능'이 뭔데?"라고 다시 물었다고 했다. 설명을 들은 아이는 "아! 과거급제 시험 같은 거구나!"라고 이해했다고 했다.

아내의 친한 언니는 아이가 귀여웠는지 "사실 시험 볼 때 한 번호로만 쭉 찍어도 30%는 정답이래!"라고 꿀팁을 전하자 아이는 "그럼 70%는 틀린다는 얘기네"라고 답했다고 한다. 열아홉 살 형은 "초등학교 2학년이 굉장히 논리적이네"라고 말했다고 했다. 모두 100% 맞는 말이다. 100점 기준으로, 30점을 생각할 것이 아니라 더 큰 나머지 70점을 생각해야 한다. 이 얘길 전해 들은 나는 '역시 내 아들! 제법 큰 그림을 그릴 줄 안다. 그리고 그것을 '시크하게', 별일 아니란 듯이 받은 것도 마음에 든다'라고 생각했다. 그리고 "객관식의 보기가 다섯 문항이라 생각하면 확률적으로 20%가 올바른 접근이겠지!"라고 얘길 했고, 아내는 "다들 피곤하게 사네"라고 응수했다.

다시 그날의 현장으로 가면, 대충 엄청 중요한 시험이라는 의미는 잘 전달되었는지 응원을 해주라는 말에 아홉 살 아들은 열아홉 살 형에게 "시험을 잘 보는 세 가지 방법이 있어!"라고 훈수를 뒀다고 한다. 참고로 형은 지역 내 유명한 고등학교에서도 전교 3등 정도 하는 우수한 성적을 자랑하는 모범생이요, 우등생이라고 아내는 늘 자랑했다. 그렇게 알아서 잘하고 있는 훌륭한 형아에게 아홉 살 아들이 진지하게 건넨 '시험을 잘 보는 세 가지 방법', 형도 과학적이고 논리적인 접근의 답변을 들은 뒤라 아이의 말에 관심을 가졌다고 한다. 유용성보다는 흥미로운 기대의 관점으로. 얘가 또 뭐라고 그러려나.

아이는 쏟아지는 관심에 다소 흥분한 듯 갑자기 벌떡 일어나 강의실을 도는 교수처럼 손가락을 하나, 둘, 펴고 웅변을 하기 시작했다고 했다.

"첫째, 책을 많이 읽는다. 둘째, 연습을 많이 한다. 셋째, 집중을 한다."

귀엽기는 하지만, 마냥 빵 터지기에는 본질적으로 맞는 말이기는 하다. 나는 아들의 의견을 적극 지지한다. 아이의 말을 내 나름대로 정리하면 다음과 같다.

첫째, 책을 많이 읽어 지식을 쌓는다. 그것이 바탕이 되어야 한다. 즉, 기본은 지식의 축적이다. 이것이 부족하면 다음 단계를 논할 필요가 없다. 둘째, 축적된 지식을 바탕으로 그것을 끊임없이 익히고 또 익혀야 한다. 단순히 이해하는 것에 그치지 않고 실전에, 그러니 시험에서 당황하지 않고 답을 찾아낼 수 있어야 한다. 이런 이유로 끊임없는 학습, 즉 배우고, 익히는 과정의 반복이 필요한 것이다. 셋째, 꾸준히 익힌 지식을, 실전에서 쓸 수 있는 정도라면, 작은 실수로 그것을 그르치지 않도록 집중, 아니 몰입해야 한다. 시험이라는 것이 잠깐의 방심으로 엉뚱한 해석, 그릇된 풀이를 전개하게 될 때가 있기 때문이다.

내 아이의 수능은 아직 먼 훗날의 일이다. 그때도 수능이라는 게 있을지도 모를 일이고. 그렇지만 아이는 참 잘 크고 있다는 생각이 든다. 공부를 잘하고 못하고, 성적이 우수하고 아니고를 떠나 어리지만 학습에 대한 올바른 생각과 태도를 가지고 있음은 물론 자신이 정립한 기준도 있고, 이를 타인에게 전달할 정도라는 사실이 놀랍고 자랑스럽다. 확실히 아홉 살의 나보다는 낫다.

PART 2

초등아빠는

내게 도대체 무슨 일이?

"요즘은 글을 안 쓰나 봐?"라고 아이의 큰아빠가 물었고 나는 "응, 그럴 시간이 없네"라고 짧게 답할 수밖에 없었다. 아이의 큰아빠는 "내가 하루에 한 번은 블로그에 들어와 보는데 최근에는 이상하게 글이 전혀 올라오지가 않아서"라고 말을 이었다. 나는 다시 "새해에 이래저래 일이 많아"라고 답했고 "그래도 시간을 어떻게라도 만들어서 계속 쓰긴 쓸 거야"라고 받았다.

그 마음으로 일주일 만에 글을 쓴다. 새해, 그러니 1월 1일부터 1월 9일까지 며칠 안 되는 시간 동안 정말 많은 일이 있었다.

2021년 12월 31일, 2년 동안의 정부 부처 파견 근무를 잘 마무리하고 조금은 편안한 마음에 집으로 돌아왔다. 이제 며칠 후면 새로운 기분으로 선·후배, 그리고 동기들이 있는 내 회사로 복귀한다는 마음으로. 그렇게 아이와 아내와 유쾌한 시간을 보내고 있는데 전화가 왔다. 팀장으로 발령이 났다고. 그것도 내가 2년 전에 근무했던 팀이 아니라 새로운 팀으로. 서둘러 인사이동 사항을 확인해 보니 그 팀에서 몇 년 동안 일했던 몇몇의 핵심 팀원들도 다른 팀으로 이동이 있었다. 아내와 아이에게 당황스러운 마음을 전했고 그 마음으로 남은 한 해를 보냈다.

2022년 새해 첫날, 1일에는 집 근처 운동장에서 아이와 아주 작은(?) 눈사람을 만들며 팀과 팀원들을 생각했고, 2일에는 부랴부랴 그동안 사용하지 않았던 카카오톡을 설치했다.

3일에는 2년 만에 첫 출근과 동시에 임명장을 받았고, 4일에는 대략적인 팀 업무분장을 다시 했다. 이번 인사로 총 14명의 팀원 중 절반 정도가 교체됐기 때문에. 5일에는 업무 관련 첫 민원인을 상대했다. 이후에도 내·외부 민원인의 방문은 계속됐고 앞으로도 계속될 것이다. 6일에는 2022년 업무보고를 준비했다. 이제 겨우 4일이 됐지만. 7일에는 3년 동안 팀을 지켰던 전임 팀장이 이제 겨우 5일이 된 내게 업무 인수인계서를 전했다.

8일에는 내 상황을 전혀 모르는 아이의 큰고모와 사촌 누나가 함께 왔다. 1박 2일 일정으로. 물론 나는 그 시간에도 회사에 있었다. 2022년 첫 토요일이었지만. 9일에는 그래도 마음에 여유를 찾고자 아내와 아이, 그리고 아이의 큰고모와 사촌 누나와 함께 만리포해수욕장을 다녀왔다. 나로 인해 아내와 아이도 뜻밖에 숨 가쁜 한 주를 보내고 있기에. 그리고 앞으로도 당분간은 그럴 것이라 예상되기에.

그렇게 2022년의 한 주가 지났다. 지금은 일요일 늦은 저녁. 그리고 내일은 새해 두 번째 주가 시작되는 월요일. 잠시 이렇게 글을 쓰고 앞으로 해야 할 일들과 관련한 자료들을 조금 더 확인해 보려 한다. 쓰고 보니 2022년 첫 일주일이 정말 순식간에 지나갔다.

어쩌면 '내게 도대체 무슨 일들이 있었지?'라고 생각할 틈도 주지 않았다. 그저 내 앞에 주어진 일들과, 내가 해야 할 일들만 겨우 살폈다. 낮에 찾았던 오늘의 바다에, 오늘의 파도에 잠시 다짐했다. 올 한 해도 기쁜 마음으로 건강하게 잘 살아보겠다고. 보다 더 따뜻한 사람이 되겠다고. 그리고 우리 가족 모두 행복한 한 해가 될 수 있도록 최선을 다하겠다고. 그러니 모든 일이 무탈하게 될 수 있도록 잘 도와달라고. 이 글을 쓴 나도, 이 글을 읽는 당신도 모두 모두 힘이 팍팍 나는 한 해가 되길 잠시 소망한다. 그 마음이 그곳에 닿기를.

아버지,
저도 아빠잖아요

이른 아침이 시작됐다.

아이처럼, 나도 '아버지'가 있다. 작년 말 갑작스레 폐렴 증상으로 돌아가셨지만. 오늘은 아이 할아버지의 49재 날이다. 몸은 피곤했지만 마음은 서둘러야 했다. 대전에 사는 아이의 사촌 형에게서 이미 집 근처에 도착해 편의점에서 허기를 달래며 나의 연락을 기다리는 중이라는 메시지까지 도착했다. 외삼촌 집이니 편하게 바로 와도 될 텐데, 혹시나 우리 가족 모두가 자고 있을 것 같아 배려한 듯하다. '녀석도 이제 제법 어른이 됐구나'라는 생각이 잠시 스쳤다.

간단히 짐을 챙기고 서둘러 씻고 나오니 아내가 일어났고 조금 지나 아이도 깼다.

영주에서 진행되는 49재 시간에 맞추려면 이른 아침에 출발

해야 했기에 '오늘은 어쩔 수 없이 아이를 억지로라도 깨워서 가야겠구나'라고 생각했는데, 다행이었다. 아이는 눈을 비비며 침대에서 걸어 나왔고 "엄마, 오늘 영주 가는 거야?"라고 말했다. 아내는 "응, 지난번에 할아버지 사진 있었던 절에 갔었지? 오늘도 거기 가서 할아버지한테 인사하고 올 거야. 할아버지 좋은 곳 가시라고"라며 자세히 답했다. '아이도 엄마, 아빠의 마음을 이해하는구나'라고 생각하니 그 마음이 고마웠고 아이의 눈높이에서 그 상황을 설명하는 아내는 참 좋은 엄마라 생각했다.

출발 시간은 다가왔고, 딱히 아침을 먹어야 할 만큼 배가 고프지는 않았기에 아이와 며칠 전에 사두었던 호떡을 나눠 먹었다. 대전에서 영주로 가는 길, 어제 뉴스에서는 '한파'라고 했는데 생각만큼 춥지는 않았다. 볕도 적당히 들었기에 '아버지 가시는 길이 따뜻하겠구나'라고 생각하며 고속도로를 달렸다. 아이와 조카 녀석은 이내 잠이 들었고 아내도 얼마 지나지 않아 눈을 감았다. 2시간을 부지런히 달려 아이의 할아버지가 있는 작은 절에 도착했다.

경북 영주 고향집에서 10분 거리의 작은 절이다. 아직 아이의 할머니와 큰고모, 작은고모, 큰아빠는 보이지 않았다. 잠시 후 아이의 할머니를 시작으로 하나, 둘 도착했다. 49재는 실내에서 진행되기에 따뜻할 것이라 생각했는데 그렇지 않았다. 아이의 작은고모는 모여 있는 사람들에게 발바닥에 붙이라며 핫팩을 나눠줬다.

정확히 49재가 어떻게 진행되는지 몰랐기에 궁금한 마음으로 기다리는데 스님이 이런저런 설명을 하며 2시간 정도 걸린다고 말했고 잠시 후 의식(?)이 시작됐다. 아버지, 그러니 아이의 할아버지가 좋은 곳으로 가신다는 생각에 알아듣지 못하는 불교 용어였지만, 스님께서 나눠주신 불교 책자를 부지런히 눈으로 봤고 바지런히 귀로 들었다.

그렇게 1시간이 지날 때쯤 아이는 내게 살짝 "아빠, 지루해"라고 말했다. 내 아버지를 마지막으로 보내드리는 의식(?)이었기에 경건한 마음을 지속하려 했지만, 아이의 마음이 충분히 이해됐다. 어른들도 알아듣지 못하는 낯선 말들과 불상으로 가득한 곳에서 진행되는 49재. 그 엄숙한 분위기는 아홉 살 아이에게 낯설고 힘들었을 것이라 생각했다. 말없이 어른들이 하는 몸짓을 흉내 내며, 제자리에서 꼼짝 않고 1시간을 참은 것만으로도 참 대견했다.

"아들, 너무 힘들지. 사실은 아빠도 그런 마음이야. 그래도 아빠는 할아버지가 좋은 곳에 가시라고 말해 드리고 싶으니까,

아들은 잠시 집에서 가져온 책을 보면 어떨까?"

"아빠, 그런데 그래도 될까?"

나는 곁으로 가 조용히 제안했고, 아이는 반색을 하면서도 조심스러운지 다시 물었다.

나는 마음속으로 아버지에게 말했다. '아버지, 제 마음 이해하시죠. 저도 아빠잖아요. 아버지 손자도 할아버지 좋은 곳 가시라고 기도 많이 했어요. 그러니 오늘은 손자가 잠시 책 보고 있어도 이해해 주세요'라고.

아이가 아니었다면, 내가 아빠가 아니었다면, 어쩌면 49재가 진행되는 내내 눈물을 쏟았을 것이다. 그런데 나도 아빠였기에 그러지 않았고 어찌 생각하니 내 아버지도 그것을 원했을 것이라 생각했다. 그리고 마음속으로 다시 힘줘 다짐을 전했다.

"아버지, 저도 아빠잖아요. 저도, 며느리도, 손자도 앞으로 정말 행복하게 잘 살게요. 그러니 아버지도 그곳이 어디가 됐건 행복하세요. 그리고 꿈에서라도 웃으며 자주 만나요. 참, 오늘도 몰래 조금 울었어요. 그래도 이건 약속할게요. 저는 정말 잘 살 거예요. 그러니 꼭 지켜보세요. 그리고 꼭 지켜주세요.

우리 가족 모두, 모두."

역시,
아내는 밀당을 잘한다

어쩌면 무료하게 지나갔을 시간들을 꽤나 알차게 꽉 채웠다.

일요일 오전, 여느 때처럼 회사를 다녀왔다. 아직 새로운 업무에, 그리고 변화된 환경에 익숙해지지 않았기에 별다른 생각 없이, 아니 별다른 생각을 할 여유도 없이, 내가 앞으로 해야할 일이기에, 몸도 마음도 자연스레 회사로 향했고 집을 나서며 잠시 생각했다.

'아내와 아이와 함께 아침을 여유롭게 먹었으니 그것만으로도 충분해. 더욱이 평소보다 잠도 조금 더 잤으니 더없이 만족할 수 있어'라고. 동시에 다짐했다. '박사학위 논문을 쓸 때와 비교하면 훨씬 더 좋은 상황이니 마음에 여유를 가지고 최선을 다해보자'라고.

"주말이라고 딴생각 말고 내가 아들이랑 잘 놀고 있을 테니 걱정 말고 회사 가서 할 일 있으면 잘 하고 와"라고 말하는 걸 보니 아내도 그런 내 마음을 아는 것 같다. 함께한 수많은 날이 있으니 말하지 않아도 아는 게 당연할 수도 있겠다. 몸이 자주 아픈 아내가 그렇게 부담을 덜어주니, 그 마음이, 그 말이, 그 표정이 고마웠다.

오전 내내 회사에서 자료들을 부지런히 확인하고 집으로 돌아왔다. 점심을 먹고, 잠시 거실 소파에 앉아 놀고 있는 아이 곁에서 책도 읽었다. 순간 졸음이 쏟아졌고, 잠깐 잔다는 것이 1시간이 훌쩍 지나서야 깼다. 시계를 보니 4시가 훌쩍 넘었다.

무엇을 하기엔 애매한 어설픈 시간이다. 비몽사몽간에 '그래도 뭘 해야 하지 않을까, 뭘 할까'를 잠시 고민했고 아이와 아내에게 "주말이니까… 이렇게 있지 말고… 어디가 됐건… 산책하러 나가자"라고 말했다. 아내는 바로 "알겠어"라고 답했지만, 나는 딱히 어디를 가야겠다는 계획이 없었다. 그래도 아이에게는 일단 "밖으로 나갈 거니까 최대한 따뜻하게 입어야 해"라고 말했다.

여전히 어디를 가서, 무엇을 할지 결정하지 못했지만, 집을 나서며 문득 떠올랐다. 언젠가 아내가 내게 '대전엑스포시민광장에 야외스케이트장이 생겼어'라고 했던 말이.

이미 치밀하게 계획한 듯 아이에게 태연히 말했다.

"아들, 오늘 우리 스케이트 타러 가자! 그동안 롤러스케이트만 타고, 얼음 위에서는 스케이트 한 번도 못 타봤지? 오늘 엄마랑 아빠랑 한번 타보자! 마구마구 씽씽 달려보는 거야!"

야외스케이트장은 집에서 그다지 멀지 않은 곳이라 자동차로 20여 분을 달려 도착했고 잠깐의 기다림 후에 스케이트를 탈 수 있었다. 나도 20여 년 만에 타보는 것이었고 무엇보다 자신만만하게 말했지만 나도 이번이 세 번째 경험이라 걱정이 조금 됐다. 하지만 다행히(?) 아이 앞에서 한 번도 넘어지지는 않았다. 물론 속도와 무관하게 얼음 위를 걷는 것에 불과했지만. 그래도 마지막에는 아이에게 "아들, 아빠 잘 타지!"라고 말하며 제법 속도를 냈다.

스케이트를 처음 타보는 아이는 잔뜩 긴장했고, 우는 듯 웃는 듯 알 수 없는 복잡한 표정으로 엄마 손을 잡고 비틀비틀, 뒤뚱뒤뚱거렸다. 힘들다, 어렵다, 무섭다, 하면서도 1시간을 꽉 채워서 스케이트를 탔다.

사실 겁도 많고 조심성도 많은 아이는 실패의 경험을 두려워한다. 새로운 일에 도전하는 것을 조금 꺼린다. 스케이트장에서도 마찬가지였다. 얼음판에 첫발을 내딛고, 보호 펜스를 잡고 처음 한 바퀴를 도는 동안 힘들다며, 혼자 밖에서 쉬겠다고 했다. 아내는 '그래, 그럼 엄마랑 같이 한 바퀴만 타고 쉬자, 엄마가 도와줄게'라며 아이의 손을 잡고 타다가, 뒤에서 슬쩍슬쩍 밀어주기도 하며, 무리하지 않고 중간중간 쉬며 흥미를 가질 수 있도록 노력했다. 그렇게 쉽지 않은 시간을 얼음판 위에서 끝까지 아이와 함께했다.

그런 엄마의 노력이 통했는지, 이용 시간이 20분 정도 남았을 때는 씩씩한 표정으로 "아빠, 나 이거 더 탈래!"라고 말했다. 아이에게 "아들, 오늘 처음 타는데도 지금 너무 잘 타고 있어. 아빠는 20년 전에 엄마랑 처음 타봤는데 그때 엄청 넘어졌거든. 아마도 아들은 다음에 몇 번만 더 타면 그때부터는 진짜 잘 탈 수 있을 것 같은데!"라고 칭찬해 줬다.

그러고 보니 추억이 새록새록 떠오른다. 아내와 함께했던 지난 추억들이 떠올라 문득 그날이 그리워졌다.

아내에게 "우리 그때, 강촌 스케이트장 갔을 때 내가 진짜 많이 넘어졌지만 그래도 정말 재밌었는데. 그치?"라고 말했다. 스케이트장을 나서며 사진도 몇 장 찍고, 잠시 공원도 산책했다.

조명으로 알록달록 빛을 발하는 공원을 걸으며 생각했다. '역시, 아내는 아이와 밀당을 잘한다'라고. 그 밀당이 있었기에 아이는 내게 "아빠, 다음에 또 오자!"라고 말했고 "오늘, 너무 재밌었어!"라고 더했다.

아이들이 아프지 않기를,
다치지 않기를

하루에 있었던 일도 다 기억하지 못할 만큼 세상은 이렇게 변화무쌍한지.

코로나19. 확진자가 3만 명이 넘었다고 난리였던 것 같은데, 어느덧 10만 명을 훌쩍 넘고, 채 며칠이 지나지 않아 20만 명 이상이 됐다. 그렇게 '연일 최다'를 기록 중에 있으니 마치 언제 끝날지 알 수 없는 지리멸렬한 시·공간에 몸과 마음이 갇혀 옴짝달싹할 수 없는 느낌이다. '이 또한 언젠가는, 언젠가는 지나가겠지'라는 마음으로 참고, 또 참아서 잘 이겨내는 듯싶다가도, 문득 '진짜 끝나기는 할까?'라는 생각도 든다.

그렇게 일 년 이상 뉴스를 가득 채웠던 코로나19 관련 소식이 잠시 자리를 내줬다. 사전에는 존재하지만 더는 사용할 일이 없을 것으로 생각했던 '전쟁'이라는 단어에게. 게임 속에서나, 혹은 어떤 상황을 생생하게 묘사하기 위해 사용했던 그 단어가

실제 상황이 됐다.

아직 보고도 믿기지 않는 러시아의 우크라이나 침공에 따른 전쟁.

처음에 뉴스를 접하고 설마, 설마 했는데 거짓말처럼 실제 전쟁이 일어났다. 며칠이 지나지 않아 신문에서는 믿기지 않는 사진도 봤다. 우크라이나 수도 한복판 도로에서 시민들이 바닥에 엎드려 총을 겨누고 있는 모습을. 며칠 전까지 평온한 삶을 살았을 그들이, 무엇 때문에 총을 들고 거리로 나서야 했을까. 무엇 때문에 사랑하는 사람들과 이별하며 눈물을 흘려야 했을까.

그렇게 계속되던 전쟁 뉴스에 잠시 믿기지 않는 뉴스 하나가 더해졌다.

생각지도 못했던 한 인물의 죽음. 우리나라 대표적 게임 기업 중 하나인 넥슨의 김정주 창업주가 별세했다. 사망의 정확한 원인은 알 수 없지만, 언론 보도에 따르면 최근에 그는 우울증으로 고통스러운 삶을 살았다고 한다.
나와 같은 일반인의 눈으로는 '게임산업'이라는 한 분야를 개척했고 그 분야에서 큰 성공을 거뒀고 그것을 통해 보통 사람이 상상할 수 없을 만큼의 재산을 얻고 거기에 사회적 명망까지 더해졌는데, 그렇게 다 가졌다 생각한 사람이었는데, 그는 무엇 때문에 우울했고 무엇 때문에 삶을 저버렸을까.

이렇게 쓰고 보니 지난 일주일 동안 세상에는 정말 많은 일이 있었다. 물론 지난 일주일에도, 지지난 일주일에도, 작년 이맘때도, 재작년 이맘때도 또 다른 많은 일이 있었겠지만, 왠지 모르게 이번 한 주는 기분이 색다르다. 다양한 뉴스들을 접하며 잠시나마 '생활', '삶', '인생', '행복'이라는 단어를 하나씩, 가만히, 떠올려본 날들이었다.

그 와중에 아이는 개학을 했고 2학년이 됐다.

여느 때처럼 학교를 다녔고 여느 때보다 열심히 놀았다. 아이도 학년이 바뀌었고 새로운 친구들을 만났다. 지난 1년간 익숙했던 것들이 다시 조금은 달라졌을 것이다. 그중에는 아직 낯설어 불편한 것도 있겠고 아직 낯설어 더 기대되는 것도 있겠다.

아이가 2학년이 되어 처음 등교하던 날, 아이의 교문 앞에서 학부모 교통지도 봉사활동을 했다. '멈춤'이라고 커다랗게 쓰인 노란색 깃발을 들고 서 있는데 멀리서 아내와 함께 걸어오는 아이가 보였다. 그 상황이 반갑고 기뻤고 그래서 행복했다.

그러다 문득 뉴스를 통해 본 우크라이나 아이의 눈물이 머릿속을 스쳤고 아내의 "아이들이 너무 불쌍해. 아이들이 무슨 죄야. 답답하다, 마음이"라는 말들도 떠올랐다. 나와 내 아이는 지극히 평온한 삶을 살아가고 있는데 멀지 않은 곳의 아이들은 어른들의 전쟁 때문에 너무나 힘들고 어려운 삶을 버텨내고 있다.

아이와 기념(?)사진을 함께 찍었고 아이는 계단을 올라 교실로 향했다. 그 모습을 보며 마음속으로 '그 어느 곳의 아이라도 아프지 않기를, 세상의 모든 아이들이 다치지 않기를'이라 잠시 기도했고 '내 아이가 오늘도 행복하기를, 내 아이가 내일은 더 행복하기를'이라 소망했다.

비록 종교를 가진 절실한 신앙인은 아니지만 그래도 하루하루 성실히 주어진 일들에 최선을 다하며 살아가고 있다. 신이 있다면 꼭 들어주시리라 믿는다.

아이들이 아프지 않기를, 아이들이 다치지 않기를.

집에서, 캠핑

여행을 좋아한다. 밖에서 자는 것을 싫어하지 않는다. 다만, 잠은 지붕이 있는 숙소에서 자고 싶다, 텐트에서 자는 것은 내키지 않는다. 정확히는 싫어한다. 캠핑을 좋아하는 초등학교 동창 녀석은 이런 내게 언제나 같은 말로 회유한다.

"여름이나 겨울에 캠핑 한번 해봐. 그냥 해도 좋은데 애들이랑 같이 하면 진짜 좋아. 애들도 한번 해보면 계속 캠핑 가자고 한다니까. 그리고 요즘은 어딜 가도 캠핑장이 잘 되어있어서 생각하는 것만큼 그렇게 불편한 것도 없어. 네가 안 해봐서 그래."

그럴 때면 나의 반응도 언제나 같았다.

"응, 그래. 그렇더라. 보기에도, 듣기에도 요즘 캠핑용품이 진짜 좋은 것 같고, 주변에 애들이랑 캠핑 다니는 사람들 얘기 들어보면 한번 해볼까 싶을 때도 있어. 그런데 솔직히 아직은 조금 그래. 먹는 것, 씻는 것, 자는 것… 이런저런 것들이 신경이 많이 쓰일 것 같기도 하고 또 이래저래 불편할 것 같기도 해."

이렇게 말은 했지만 언젠가 날이 너무 덥지도, 춥지도 않은 날 친구가 같이 캠핑하러 가자고 하면 못 이기는 척, 아이와 아내와 슬쩍 한번 따라가 보려 했다. 그런데 이젠 코로나19 때문에 기약이 없다. 그렇게 아쉬운 마음을 잠시 가지고 있다가 이내 잊고 지냈다.

그러다 문득 아이에게 물어봤다.

"아들, 외할머니가 주신 침낭이 두 개 있잖아. 우리도 거기서 한번 자볼까? 지난번에는 집에서 잤는데, 사실 그건 집 밖에서 텐트 쳐놓고 그 안에서 잘 때 쓰는 거야. 우리도 그렇게 한번 해볼까?"

아이는 잠시 고민하는 듯하더니 "그래, 그럼 한번 해보지 뭐"라고 다소 신이 난 듯 얘기한다. 내가 생각했던 대답은 '아니, 나는 집이 더 좋아'였는데, 예상 밖의 답이다. 그때 이후로 차 트렁크의 짐들을 싹 비우고 돗자리 두 개, 침낭 두 개, 작은 밥상 한 개를 넣고 다닌다. 사실 딱히 쓸 일은 없다. 가장 중요한 텐트도 없고. 어쩌다 한 번씩 침낭만 꺼내봤다. 세차장에서 세차할 때 물기를 닦으며 마무리하는 동안 아이는 트렁크에 펼쳐

둔 침낭 속에서 책을 읽었고, 도서관에서 책을 대여해 집으로 돌아오는 길에도 커다란 나무들이 가득한 공용 주차장에서 트렁크 문을 활짝 열고 침낭 위에서 책을 읽었다. 그렇게 두세 번 써 본 게 다다.

이제는 더 늦기 전에 캠핑을 한번 해봐야겠다고 생각했다.

"아들, 우리 집에서 캠핑 한번 할까?"라고 물으니 아이는 이번에도 "응, 좋아. 그러지 뭐"라고 짧게 받는다. 다시 아이에게 "아들, 그럼 집에서 캠핑하자. 금요일이 좋을 것 같아. 아빠가 퇴근하면 엄마랑 같이 밥 먹고 우리 둘이서 장 보러 가자. 캠핑하려면 먹을 거랑 놀거리가 있어야 하니까. 계획을 잘 세워야 할 것 같아"라고 말했다. 아이는 "그래, 그럼 아빠가 먹을 거를 계획해. 나는 놀 거를 준비할게"라고 말하더니 수첩 하나를 가져와 거기에 생각나는 것을 차근차근 써내려갔다. 컵라면, 쿨피스, 과자, 치킨, 맥주(엄마 거), 침낭 두 개, 전기장판(엄마가 알려줬다), 이불, 베개 한 개, 노트북, 책, 게임 책, 포켓몬 보드게임까지.

이렇게 준비물을 정리했고 마트에서 장보기를 시작으로 치킨 가게에 들렀다가 집으로 돌아왔다. 책과 나머지 것들을 챙긴 뒤, 집 안의 캠핑장으로 향했다. 우리 집은 거실 한쪽 구석의 나무 사다리 계단을 타고 올라가면 위층에 다락방 같은 공간이 있다. 춥긴 하지만(그래서 전기장판이 꼭 필요하지만) 나름 아늑한 공간이다.

아내에게 "아들이랑 캠핑 잘하고 올 테니 오늘은 혼자서 좋아하는 것들 마음껏 해"라고 말했고 아이는 엄마에게 "엄마, 아빠랑 캠핑하고 올 테니 엄마도 잘 자"라고 더했다. 그렇게 시작된 둘만의 공간에서 시작된 캠핑!

아이는 잘 놀았고 잘 잤다. 솔직히 나는 잘 놀았지만 잘 자지는 못했다. 아이가 걱정돼서. 혹시 춥거나 불편하지는 않은지 아무래도 신경이 쓰였다. 그럼에도 아이와의 오붓한 시간은 생각보다 좋았다. 그래서 계획에 없던 방구석 캠핑을 다음 날에도 한 번 더 했다.

그날 이후 나는 여러 가지 이유로 몸살이 났다. 그래도 좋다. 아이는 신이 난 듯 말한다.

"아빠, 다음에도 집에서, 캠핑! 또 해 보자. 너무 재밌었어!"

학교운영위원회 위원장

　어제, 아이 학교의 학교운영위원회 위원장으로 당선됐다. 작년에 함께했던 위원들의 추천으로 별다른 투표 절차 없이 위원장이 됐다. 이번 운영위원회 회의에 참석하며 살짝 고민했다. 올해는 이래저래 회사 일도, 그리고 개인적인 일도 많을 것 같으니 어쩌면 위원장이나 부위원장은 다소 부담될 수 있겠다 생각했다. 그렇게 마음이 살짝(?) 흔들렸지만, 한편으로는 작년에 부위원장으로서 행했던 위원회 활동을 돌아보니 위원회를 대표하는 자리도 의미 있을 것이라 생각했다. 그래도 나 아닌 다른 위원이 적극적으로 위원장을 맡겠다면 열심히 도와야겠다 마음먹었다. 그랬는데, 자연스레(?) 위원장이 됐고 회의를 진행하기 전, 아주 짧은 인사를 더했다.

　"작년에 보니 교장 선생님, 교감 선생님, 여러 선생님들 모두 훌륭한 분들이셨습니다. 그리고 학운위 위원님들 또한 다들 열심히 하셨습니다. 그러니 저 또한 제 위치에서 주어진 역할에 최선을 다하겠습니다. 무엇보다, 이제 아이도 2학년이 되니 저 또한 아이가 1학년일 때보다 조금 더 마음에 여유가 생겼습니다. 작년 이맘때 다소 낯설었던 학교도 오늘은 조금 더 친근하고 조금 더 익숙한 모습입니다. 아무쪼록 잘 부탁드립니다. 그럼, 회의를 시작하겠습니다."

올해도 아이 학교를 공식적(?)으로 자주 가볼 수 있겠다.

May, 오월

5월은 모든 직장인과 학생들에게 설렘을 준다. 휴일이 여느 때보다 많은 달이니.

그런데 올해는 막상 뚜껑을 열고 보니 그렇지 않다. 너무 적다. 5월 5일 '어린이날', 딱 하루다. '어버이날'과 '부처님오신날'은 일요일, 심지어 같은 날! 이 땅에 어버이의 은혜에 부처님의 자비가 닿지 못했다. 오호통재라! 심리적 휴일이었던 '스승의 날'도 일요일이다.

휴일의 달콤함은 없고 가혹한 현실의 무게만 가득한 5월은 잔인했다. 챙겨야 할 것들도 많고, 해야 할 일들은 줄어들지 않는데, 쉬는 날은 증발했으니 오히려 더 피곤한 기분이다. 5월의 절반도 지나지 않았을 즈음, 퇴근 후 집으로 돌아오면 '오늘도 긴긴 하루를 보냈다'라는 생각이 가득하다.

남들도 마찬가지일 텐데, 도대체 왜 이렇게까지 피곤할까. 생각해 보니 나름의 개인적인 이유는 있다.

1월에는 새로운 업무도 익혀야 하고, 새로운 부서원들도 알아야 했다. 또 새롭게 바뀐 시스템, 제도, 법령 등도 숙지해야 했으니 정신없는 날들의 연속이었다. 2월에는 어느 정도 익숙해지긴 했지만 여전히 무엇인가 조금씩 낯선 느낌이 가득했다. 3월에는 어느 정도 몸과 마음에 여유가 생겼지만 그것도 여전히 '어느 정도만'이었다. 4월에는 대부분의 것들이 하나씩, 둘씩 자리를 잡아가는 기분을 비로소 느낄 수 있었다. 문득 돌아보니 새해도 100일이 지나 있었다.

그렇게 5월이 되었다. 5월은 몸과 마음에 여유가 생겼고, 커졌고, 무엇보다 사회적 거리두기가 완화되면서 그동안 미뤄뒀던 모임이 많아졌다. 그것들이 뒤섞여 복합적인 이유로 '피로'로 작용했을 것이다. 또 가만히 생각해 보니, 거기에 아주 중요한 변화가 있었다. 날씨가 본격적인 여름을 향해 가고 있기에 행동에 불편함이 있었고, 동시에 아이는 계절의 변화에 따른 알레르기성 비염으로 자주 눈이 충혈되고, 연신 콧물을 훌쩍이기도 했다.

누군가 말했고, 그것을 언젠가, 어디선가 분명히 들었다. '5월은 황금연휴로 가득한 달'이라는 말. 하지만 올해는 '황금연휴'가 없는 5월, 그 잔인한 10여 일을 보냈다.

　지금까지 무엇을 했나 일정표를 슬쩍 보니, 1일에는 어린이날을 맞이해 초등학생 남자아이를 둔 아빠로서 책임을 다하고자 놀이공원을 다녀왔다. 2일에는 한 가정을 책임지고 있는 가장으로서 회사 일에 충실하고자 월간회의에 참석했다. 3일부터 6일까지는 아이의 외할머니, 외할아버지가 어린이날 및 어버이날을 맞이하여 대전집을 다녀가셨고, 8일까지는 이번에도 다시 한 번 어린이날 및 어버이날을 맞이하여 아이의 할머니가 있는 영주를 다녀왔다. 9일에는 일정표에 남겨지지 않은 자잘한 일들로 가득한 시간들을 보냈고, 10일과 11일은 회사 내 업무로 이런저런 회의가 많았다. 이상이 오늘까지의 5월이다.

　앞으로의 5월도 이미 예정된 일로 가득 차 있다. 13일에는 아이 학교의 학교운영위원회 회의에 참석해서 위원장으로서 회의를 진행해야 한다. 14일과 15일에는 함께 운동했던 30년 지기 체육관 후배들과 경북 봉화에 한옥집을 멋지게 지으셨다는 체육관 관장님에게 인사드리러 간다. 16일부터 19일까지는 몇 가지 회사 일들과 작지 않은 행사들이 일정표에 기록되어 있다. 20일에는 학교운영위원회 지역협의체 구성과 관련된 모임이 있어 참석해야 한다. 21일과 22일에는 5월에만 세 번째 방문하는 경북 영주를 다녀와야 한다. 그곳에서 오랜만에 초등학교 친구 가족들을 만나기로 했다. 21일 오전에는 자동차 정기검사도 예약되어 있다. 23일부터 26일까지는 회사 업무 관련 점심 약속만 3건이 예정되어 있다. 27일에는 회사 워크숍도 있다. 28일과 29일, 마지막 주말에는 별다른 일정이 없다. 이때만큼은 집에서 여유롭게 쉬며, 동네 도서관에서 편안히 책을 읽을 수 있다면 좋겠다. 그렇게 희망한다.

바쁘다 싶은 5월이지만, 어쩌면 6월이 되면, 좋아하는 사람들과 유쾌한 일들로 더없이 바빴던 5월을 '황금'이 가득했던 달이라 기억하고, 다소 그리워할 수도 있겠다. 좋은 시간에, 좋은 사람들과, 좋은 음식을 먹으며, 좋은 이야기를 서로 나눌 수 있었기에. 지난 몇 년, 사회적 거리두기가 시행됐던 고립된 그 날들을 겪어왔기에 함께의 소중함을 늘 떠올리게 된다.

그나저나 이 많은 것들을 함께 하려면 나도 아내도 아이도 건강해야겠다. 문득, 아내와 아이의 5월도 궁금하다. 지나온 날들과 다가올 날들이.

모든 걸 다 하고 싶은 아이

　모든 걸 다 하고 싶은 아이와 그 곁에서 아무것도 할 수 없는 엄마가 있었다.

　목요일, 서울에서 진행되는 평가에 참석하기 위해 KTX 열차를 탔다. 열차를 타기 전까지 생각보다 바빠 움직였기에 열차 안에서는 편안히 쉬고 싶었다. 오송역에서 서울역까지는 채 1시간이 되지 않은 시간이지만, 잠시 잠깐의 여유를 나름대로 만끽하고 싶었다. 미리 몇 권의 책도 준비했다. 출장이 주는 나름의 매력은 어쩔 수 없이 부여되는 강제휴식(이동구간, 탑승대기시간)에 있다고 할 수 있다.

　아침에 눈을 떠 아내와 아이의 등교를 함께하고, 출장을 가기 위해 'KTX 오송역'까지 가는 버스를 타기 위해 '지하철 반석역'까지 자동차로 이동했다. 오송역까지는 버스로 그리고 오송역에서 서울역까지는 KTX로, 서울역에서 평가장까지는 지하철로 두 정거장 거리였지만, 불가피한 환승이 있었다. 그렇게 다양한 교통수단을 이용해 쉼 없이 이동할 생각을 하니 열차 안에서라도 편안한 마음에 쉬고 싶었고, 그 마음으로 미리 준비한 책을 펼쳤다.

한정된 자유를 만끽하기 위해 책을 막 읽으려는데 앞 좌석에서 여자아이의 또랑또랑한 목소리가 들린다. 예매를 늦게 했기에 유아 동반 좌석에 앉게 됐을 때 '뭐, 1시간도 걸리지 않는 시간인데 무슨 문제가 있겠어. 그리고 나도 애를 키우는 아빠인데 내가 아이 마음, 부모 마음을 그래도 다른 사람들(아이가 없는 사람들)보다 조금은 더 이해하겠지'라는 너그러운(?) 마음을 가졌었다.

한 아이의 아빠로서 목소리로 짐작해 보건대, 네 살에서 다섯 살 정도쯤 된 여아인 것 같았다. 얼굴은 못 봤지만, 아직 발음이 또렷하지 않은 점을 토대로 미뤄 짐작할 수 있었다. 아이는 쉴 새 없이 조잘조잘 잘도 얘기했고, 엄마에게 이것저것 주문하기 시작했다.

"엄마, 나 인형 줘!"
"엄마, 나 동화책 읽어 줘!"
"엄마, 나 불편해."

"엄마, 우리 언제 도착해?"
"엄마, 나 내리고 싶어."

쉴 새 없이 말이 이어졌다. 아이 엄마는 조용히, 묵묵히 아이의 요구들을 들어줬다. 잠시 후,

"엄마, 나 쉬 마려!"

화들짝 놀란 듯 아이 엄마는 용수철처럼 자리에서 일어나 아이를 안고 화장실로 뛰다시피 걸어갔다. 책을 읽으며, 아니 책 읽기는 이미 반쯤 포기했지만 그래도 나쁘지는 않았다. 내 계획과 달리 편안한 분위기에서 책을 읽을 수는 없었다.

하지만 아이의 말과 엄마의 반응에 잠시 잠깐 추억여행을 떠나 미소 지을 수 있었고 안쓰러웠다. 몇 년 전, 더 어린 아들이 떠오르기도 했고, 그때 내 모습이 생각났다. 정확하지 않은 발음으로 엄마, 아빠에게 참새처럼 말을 건넸던 아들이 어느덧 초등학교 2학년이 됐다. 크다 못해 이제는 가끔씩 구박도 한다.

"어이구! 아빠! 내가 몇 번이나 알려줬는데."
"아직도 모른단 말이야?? 이번이 마지막이야!! 그건 말이지
……."

사실 가끔은 이미 알고 있는 것도 아이의 반응이 재미있어 "아들, 그런데 요즘 뭐가 제일 재밌어?"라고 묻기도 하고, "아들, 학교에 가면 친구들이랑 뭐 하고 놀아?"라고 더하기도 한다.

다시 슬쩍 보니 이번에는 조용한가 싶더니 아니나 다를까.

"엄마, 물이에요! 물!"
"엄마, 여기에 바다가 있어요! 바다!"

열차는 한강을 지나고 있었다. 그 소리에 몇몇 승객들이 슬며시 미소 지었다. 나처럼. 열차에서 바다(?)를 봤기에 신이 난 아이와 달리 아이 엄마는 조금은 민망한 듯 '쉿쉿' 소리를 내며, 아주 작은 소리로 장단을 맞추며 한강에 대해 설명해 줬다.

"잠시 후, 종착역인 서울역에 도착하겠습니다"라는 안내방송이 흘렀다.

아이 엄마의 표정을 슬쩍 보니, 마치 큰 숙제를 마친 것과 같은 '다행이다'라는 얼굴이다. 나는 '어쩌면 제가 지금 그 마음, 조금은 이해할 수 있을 것 같네요'라고 마음으로 공감했다.

모든 걸 다 하고 싶은 아이와 그 곁에서 아무것도 할 수 없는 엄마의 기차여행. 어쩌면 그런 시간들이 흘러 아이는 어른이 되겠고 엄마는 부모가 되겠다.

육아전문가?

며칠 후면 세 번째 육아도서 『오늘의 아빠』가 나온다.

『아빠의 육아휴직은 위대하다』(2019), 『가장 보통의 육아』(2021) 에 이은 육아 책 시리즈의 완결판(?)이라고 이번 책의 서문에 썼다. 앞으로 육아를 주제로 몇 권 더 쓰게 될지, 그렇지 않으 면 독서 또는 쓰기 분야의 책들로 다시 돌아갈지는 솔직히 장 담할 수 없다.

어쩌다 보니 '육아전문가'라고 불린다. "육아 책을 세 권이나 썼을 정도면 아들을 엄청 사랑하시나 봐요, '육아박사'시겠네"라 고 혹자들은 말한다. 나는 이에 딱 이만큼만 답한다. "어쩌다 육아휴직을 했고 그것이 계기가 돼서 책을 쓰게 됐다. 그러다 한 권 더 쓰며 이게 마지막이라 생각했는데, 사람 일은 알 수 없는 것 같다. 다시 또 '육아'로 책을 쓰게 됐으니"라고 말이다.

솔직히 조금 부끄럽다. 정말 그렇게 생각하기보단 나의 열정 (?)을 높이 사는 칭찬임을 알지만, 그래도 '전문가'라니 부족한 부분이 많다. '자기 자식을 키우는 일에 전문가가 있을까?' 싶은 생각에 수식어 자체가 주는 의문이 크고, 설령 그런 전문가가 있다면 우리 집은 당연히 나보다 아내가 적당하다.

아내는 아이와 함께하는 시간이 절대적으로 많다. 그럼에도 불구하고 나도 어필을 해 보자면 그래도 아이와 많은 시간을 보내려고 노력했다. 그리고 또 하나! 2018년부터 지금까지, 5년간 꾸준히 매일 같이 아이와의 일상을 글로 남기고 있다.

혹시, 능숙하지 않아도 좋으니 관심과 노력만으로도 전문가라고 불릴 수 있다면 나도 욕심내고 싶다. '육아전문가'.

냉장고 세 대

　문득 생각났다. 경북, 아이 할머니 집 냉장고 옆에 나란히 줄을 서듯 붙어 있는 쿠폰들이. 이제 제법 모였지만 아직은 조금 부족하다. 기억에는 10장을 모아야 한 마리를 먹을 수 있을 텐데, 절반밖에 안 되는 것 같다. (심지어 아내 말로는 한 마리가 공짜로 오는 게 아니라 몇천 원 깎아주는 쿠폰이란다. 10번을 시켰는데 깎아만 준다고?)

　어쨌든, 영주에 한 달에 한 번 정도를 간다고 하면 다섯 달이 남았고, 두 달에 한 번이라면 열 달이 걸리겠다. 혹시 또 모르겠다. (그럴 거 같지는 않지만) 아이의 할머니가 혼자서라도 몰래 몇 마리를 시켜 드실지. 그래서 다음번에 할머니 집에 갔을 때 '짜잔' 하듯 쿠폰을 자랑스레 내놓으시며 "할머니가 치킨 쿠폰 다 모았어. 오늘 그동안 모아둔 쿠폰으로 네가 좋아하는 치킨 시켜 먹자!"라고 아이에게 말하실지.

출장 중에 숙소에 와서도 마저 업무를 보는데, 숙소 냉장고 소리에 스친 생각이었다. 그 생각은 꼬리를 물고 고향집 냉장고를 불러들였고, 아이가 고이 모아둔 치킨의 쿠폰을 함께 데리고 왔다. 아이의 고모는 서운했던지, 치킨 쿠폰 끝을 잡고 내 생각에 엉겨 붙었다. 그러더니 '나는 냉장고가 아니냐며' 대전의 우리 집 냉장고 손잡이도 생각열차에 탑승했다.

아내가 혼수로 해온 15년 정도 되어 가는 우리 집 냉장고. 최근 손잡이가 부분 파손돼 몇 달째 불편했다. 처음에는 조금 신경이 쓰이는 정도라 얼렁뚱땅 손을 봐서 불편한 대로 그냥 썼다. 그럭저럭 쓸 만했는데 요즘은 손잡이가 부러지기 직전이었다. 매립형 손잡이라 손잡이가 없으면 냉장고를 열 수 없다.

"손잡이가 떨어지겠네. 새로 사자니 (냉장고가) 너무 비싸고, 성능 자체는 아직 쓸 만하니. 일단 부품이 있는지 서비스센터 전화해 봐야겠어."
"그래, 내가 휴가를 내거나 아니면 집에 있을 때 서비스 한번 받아보자."

아내와 얘기를 주고받으며 생각했다.

'신혼 때부터 썼으니 오래됐기도 했네. 다른 집이라면 벌써 신

형을 사자고 졸랐을 텐데 신형은커녕 김치냉장고도 없고, 아내가 참 알뜰하구나.'

며칠이 지나 퇴근 후 집에 들어서니 아내의 표정이 해맑다.

"내가 해결했어! 서비스센터 기사님이 오셔서 4만 원이라고 하셔서 고쳤어! 손잡이 하나에 4만 원이라 생각하면 비싸지만, 부품이 있는 게 어디야? 부품 없었으면 꼼짝없이 몇백 들여서 새거 살 뻔했는데."

냉장고를 봤더니 영 어색한 모양새가 조금 웃기다. 하루에도 수십 번 문을 열고 닫은 헌 냉장고가 손잡이만 반짝반짝 뽀얀 새것이다. 그래도 쓰는 데는 전혀 문제가 없다니 다행이다.

그렇게 지난 일들을 생각하다 숙소 호텔 냉장고 안을 열어보니 달랑 생수 3병이 들어있다. 보통은 음료·맥주 등이 약간은 구비되어 있는데, 퇴실 시 정산되어 숙박비에 포함되니 있어도 입에 대지 않는다. 숙소 냉장고가 우리 집 냉장고보다 일을 반의반도 하지 않는 것 같다. 출장 중에 먹으라고 아내가 챙겨 준 영양제를 하나, 둘 입에 털어 넣으며 생각이 이어진다.

'음료나 맥주 한잔 못 먹을 형편도 아닌데 어쩌다 보니 호텔만

들어오면 사람이 소심해지네.'

　하지만 다시 생각해도 호텔 냉장고의 음료는 내게 매력이 없다. 정히 먹고 싶으면 호텔 앞만 나가도 인근 편의점에서 반값에 살 수 있는데. 물론 오늘은 있지도 않지만.

　고향집 냉장고도, 우리 집 냉장고도, 그리고 호텔의 낯선 냉장고도 나름 자신의 역할에 맞는 일을 하고 있다는 생각이 든다. 제 앞에 문을 연 자들의 상황에 맞는 것을 채워 넣고, 제 나름 최선을 다하고 있다.

　정확히 계산해 보지 않았지만, 우리 집 냉장고를 여태껏 몇천 번은 열고 닫지 않았을까? 하루에 한 번이어도 10년이면 3,650번이니. 그렇게 생각하니 우리 가족과 꽤나 오랜 시간 함께했다. 우연찮게 3대의 냉장고로 함께한 아침이다.

오늘의 아빠

    책이 도착했다. 여섯 번째 책이라 덤덤할 것 같았는데 여전히 그렇지 않다. 출간의 기쁨은 늘 새롭다. 퇴근하고 집에 오니 책상 위에는 택배 상자가 놓여 있다. 감상에 젖은 뒤통수 뒤로 아내의 음성이 들린다.

    "먼저 뜯어 볼까 하다 참았어. 알고 있는 책인데도 궁금하더라. 그래도 주인공이 왔을 때 다 같이 봐야지 싶어서 내가 한번 봐줬다."

    아내 덕(?)에 온 가족이 첫 기쁨을 함께 누릴 수 있게 됐다. 고맙다, 고마워. 어쨌든, 설레는 마음으로 개봉한 상자 안 가지런히 놓인 책을 처음 본 소감은 "예쁘게 잘 나왔네. 만족스러워"였다. 아내는 "갈수록 좋아지네. 모든 면에서. 내용도 그렇고, 표지도 그렇고. 진화하고 있어"라고 말했다.

나는 아직도 기억한다. 첫 책의 출간 전, 가제본을 처음 봤을 때 느꼈던 강렬한 기쁨! 그 흥분은 항상 기억 속에 생생히 살아있다. 내 이름 석 자를 달고 세상에 나올 책이. 먼저 내 앞에 수줍게 미완의 모습으로 인사를 건네던 그 날, 저자가 된 첫 경험을 안겨준 그날, 그날의 감동과 떨림을 아는 사람은 아마 경험해본 자만이 아닐까 싶다. 글을 쓰고, 이를 책으로 엮어내는 일은 마라톤처럼 그 강렬한 흥분으로 굉장한 중독성이 있는 듯하다. 이후 책 작업을 손에서 놓지 못하고 어느새 여섯 번째를 향해 달려왔으니. 사실 회사에 다니면서 책 작업을 이어가는 일은 쉬운 일이 아니다. 어쩌면 고비고비 넘기며 해내고 있다는 성취감이 오늘까지 나를 이끌어 온 것인지도 모르겠다.

이번 책 『오늘의 아빠』는 아이와의 일상을 글로, 책으로 남기는 세 번째 이야기다. 2019년 발간한 『아빠의 육아휴직은 위대하다』는 아빠의 육아휴직이 이야기의 중심이 되었고, 2021년에 쓴 『가장 보통의 육아』는 복직 이후의 아빠와 아이의 보통의 하루하루로 채워졌다. 이번에 쓴 육아에세이 『오늘의 아빠』는 그야말로 평범한 회사원 아빠와 초등학생 아들의 '오늘' 그리고 나의 아버지와 그의 아들인 나, 이렇게 삼대를 아우르는 내용으로 이야기가 흘러간다.

책에서도 말하고 있지만, 아이에게는 '아빠'가 있지만, 내게는 '아버지'밖에 없다. 팍팍한 살림, 고단한 가장의 무게로 인해 친밀과 공감은 존재하기 힘든 상황에서 나는 유년을, 아버지는 중장년을 보냈다. 나는 '아빠'라 불렸던 시절의 기억이 없다. 하지만 분명히, 아주 어릴 적의 나는 어쩌면, 당연히, 나의 아버지를 '아빠'라고 불렀을 것이다.

　"아버지. 제가 아버지를 '아빠'라고 불렀던 날들이 있었나요? 아버지는 그때가 기억나시나요?"

　진실한 마음으로, 여전히 묻고 싶지만, 이제는 삶을 다하셨기에 물을 수 없다. 물을 수도 없고, 기억하지도 못하지만 나는 확신할 수 있다. 내가 아빠가 되어보니 더욱 확신이 생긴다. 나의 아버지는 '아빠'라고 부르는 어린 아들인 '나'를 기억하고 있을 것이라 믿는다. 아주 소중하게 간직하고, 이따금 꺼내 보셨으리라. 아들의 아들이 태어나고, 그날을 더 또렷이 아련하게 아버지의 오늘에 살았으리라.

　"응, 너도 나를 '아빠'라고 불렀지. 너라고 처음부터 아버지, 했을 거 같냐. 지금의 너는 어색하겠지만, 어릴 적 너는 아주 밝은 표정으로 나를 '아빠'라고 불렀지. 나는 생생하게 기억이나. 그날 너의 목소리. 너의 모습이."

아마 내가 물을 수 있었다면, 물을 수 있다면. 아버지는 그렇게 답하지 않으셨을까. 그러니 '오늘의 아버지'는 '오늘의 아빠'였다. 나 또한 그런 마음으로 아이와 하루하루를 함께한다. 아이도 훌쩍 자라 성인이 된 어느 날, 나에게 물을 수 있겠지.

"아버지, 그런데 어릴 때 저는 어떤 모습이었나요? 사진으로는 알겠는데 기억이 나는 것도, 또 기억이 나지 않은 것도 있어요."

미래의 나는, 그날의 아들에게 말할 것이다.

"응, 너는 나와 그리고 엄마와 많은 것을 함께했지. 너무나 즐거웠고, 행복했기에 당시 엄마는 어린 너에게 고맙다고 자주 얘기했었어. 어딜 가도 사랑받았을 네가, 우리의 아들이 되어줘서 고맙다고."

"성장하면서 너의 기억에서는 그날의 우리가 잠시 묻혔겠지만, 그건 사라진 게 아니야. 무엇보다 엄마와 나의 기억에는 영원히 생생한 오늘이야. 하루가 다르게 성장하는 우리 아들을 볼 때마다 뿌듯하고 행복하고 대견하면서도, 너무 빨리 크는 건 아닌지 아쉬워. 엄마와 나는 며칠 전, 그리고 몇 달 전, 몇 년 전의 너의 모습을 꺼내 보고 함께 얘기하곤 해. 떠올리는 순간조차 빛이 날 만큼 정말 행복했고, 지금도 그 추억들의 집합, 그것이 가진 긍정의 힘으로 살아가는 거란다."

아이에게 '오늘의 아빠'라고 불리는 나는, 조금의 시간이 흘러 '오늘의 아버지'가 될 것이다. '아빠'가 '아버지'가 됐다고 달라질 것은 없다. 지금처럼, 지금같이, 함께하려 한다.

다, 이유가 있지

'이유 같지 않은 이유'라는 말도 있는 것처럼 모든 일에는 나름의 이유가 있다. 일이 그렇게 될 수밖에 없는 까닭. 그 까닭으로, 이해할 수 없는 세상조차 조금 더 이해하려고 노력하기도 한다. 이처럼 '이유'라는 단어가 붙으면 100%든 아니든 이해할 수밖에 없고, 그렇게 이해되어야 하거나, 이해하려고 노력해야 한다.

'이유'라는 단어가 가진 힘은 정말 크다.

우선 아이가 외할머니, 외할아버지를 좋아하는 이유는 당연히 있다. 박사 논문을 쓸 당시 아이는 외가에서 컸다. 지금도 한 달에 한 번은 집으로 오시니 아이는 친숙하고 친밀한 외조부모를 좋아한다.

작은고모를 좋아하는 이유도 당연하다. 아이가 작은고모를 좋아하는 이유를 더 극대화하려면 아이의 큰고모 이야기를 먼저 해야 한다. 장난기가 많은 큰고모는 가끔은 아이가 받아들이기 버겁다. 딱 아이 수준에서 약이 오르게(오를 수밖에 없게) 행동(말)하기도 한다. 중학생 정도만 되어도 장난이라는 걸 알고 대수롭지 않게 여길 텐데 큰고모가 아홉 살 아이, 딱 그 정도 수준에서 약을 올리니 아이는 분한 마음을 감출 수 없을 때가 종종 있다. 나도 조카의 어린 시절 그랬던 일이 생각나 가끔 아찔하다. 어린 조카가 딱 저런 마음이었겠구나.

최종목적지인 작은고모를 왜 그렇게 좋아하게 되었는지, 이유를 설명하기 위해서는 큰고모 다음으로, 큰아빠가 필요하다. 천성이 착하고 어진 큰아빠는 항상 잘해준다. 조카를 사랑하는 마음도 크다. 하지만 상대적으로 아이와 함께한 날들이 많지 않다. 그러니 아이가 좋다는 말을 1순위로 떠올리기에는 절대적인 양이 부족하고, 좋아도 좋다고 표현할 기회 또한 현저히 부족하다.

지난 명절에는 드라마틱한 사건이 있었다. 전을 부치느라 바쁜 엄마와 친척이 많으니 요령껏 책을 읽으며 모처럼 쉬는 아빠를 대신해 아이가 아직 없는 큰아빠가 아들의 친구를 자청해 놀이에 나섰다.

그러다 '쿵' 소리가 나더니 아이가 놀란 눈빛으로 내게 뛰어왔고 아이 큰아빠는 당황한 눈빛으로 머리를 감싸고 반창고를 찾았다.

"어머, 피다! 제법 많이 나는데, 찢어졌나 봐요! 어떡해!!"

아이와 온몸으로 놀던 중, 아이가 침대 모서리 쪽으로 넘어질 것 같아 아이 큰아빠는 순간적으로 몸을 날려 아이를 감싸 안았다고 한다. 덕분에 아이는 다치지 않았지만, 아이가 부딪힐 뻔한 작은 공간에 어른이 몸을 던졌으니 그 충격이 더 컸을 테다. 결국 큰아빠는 명절 전날 저녁, 응급실에 가서 머리를 몇 바늘 꿰맸다. 머리가 찢어진 큰아빠도, 아이 할머니도, 고모들도 다친 사람은 뒤로하고 모두 입을 모았다.

"애가 안 다쳐서 다행이야. 그럼 됐어."

꽤 몇 달이 지난 어느 날, 기억에 묻혔던 그날을 아이가 뜬금없이 끄집어냈다.

"아빠, 큰아빠가 전에 나랑 놀다가 머리 다쳤잖아. 그때 나 정말 놀랐어. 엄청 슬펐어. 또 사실은 정말 고마웠어. 큰아빠 때문에 나는 안 다쳤잖아."

아이도 안다. 누가 진심으로 자신을 생각하고 위하는지.

이제 작은고모, 4남매 중 둘째인 아이의 작은고모 이야기다. 작은고모는 원래부터 아이와 친숙한 사람은 아니었다. 불과 몇 년 전까지만 해도 경기도 안산에서 회사생활을 했기 때문이다. 여느 친척들이 그렇듯 명절에 보는 정도. 물론 그때마다 말없이 아이를 안아주고, 사랑을 줬다. 갓난쟁이 시절이라 아이의 기억에는 없지만.

회사원이었던 작은고모는 다사다난한 이유로 몇 해 전부터 아이의 할머니와 경북 영주에서 살고 있다. 우리 가족은 영주를 자주 찾는 편이니 자연히 고모와 아이가 함께하는 절대적인 시간도 많아졌다. 작은고모는 큰고모, 큰아빠와 스타일이 완전히 다르다. 쉴 새 없이 장난치는 큰고모, 한없이 다정하고 자상한 큰아빠와 달리 그저, 그냥 곁에서 무심한 듯 아이를 지켜보다 필요한 것이 있으면 아무 말 없이 '쓱' 건네는 스타일이다. 나아가 미리 무심히 준비해놓는 스타일이다. 더욱이 목공, 공예 등 자격증을 최근에 따면서 방과후학교 선생님까지 하고 있으니, 만들기를 좋아하는 아이에게는 더없는 선망의 대상이 되었다.

고향집에 도착하면 아이가 엄마와 아빠를 찾는 시간이 평소보다 현저히 줄어든다. 작은고모 곁에는 항상 신기한 놀거리가 많고, 아이가 호기심 가득 찬 눈빛으로 바라보면 "한번 해 볼래? 고모가 따로 준비해 놓았는데"라며 아이의 눈높이에서 차분히 알려준다. "잘하네. 정말 잘한다"라는 아낌없는 격려와 칭찬까지. 대전으로 돌아오는 날, 고모는 아이에게 체험한 작품들을 잘 싸서 건네며 "다음에는 고모가 다른 것도 준비해놓을 테니 또 놀러와!"라는 말과 함께 용돈도 건넨다. 아이는 그런 고모가 좋다. "네, 고모!"

그런 모습을 지켜보며 생각한다. '나라도 고모가 좋겠다.' 아이의 성향을 생각하면 영원히 작은고모가 좋을 수도 있지만 또 모른다. 시간이 지나면 조금은 개구진 큰고모가 좋을 수도.

문득 생각해 본다. 조카들(큰고모의 아들과 딸)에게 나는 어떤 사람일까? 주변 사람들에게는 어떤 사람일까? 나를 어떻게 생각할까?

'나'라는 사람의 '결'이, 지금까지 살아왔던 그 '결'이, 앞으로 주어질 내 삶에도 자연스레 나타나지 않을까? '좋아하는 이유가 있다'라는 말을 누군가 내게 건넨다면 그것은 어떤 의미일까? 모든 일이 그렇듯 좋아하는 것에도, 싫어하는 것에도 나름의 이유는 있을 텐데.

어처구니없는 날

뭐, 이런 일이 있을까, 싶었다. '어처구니가 없네!'라는 말은 분명 이럴 때 쓰는 말이리라. 다른 사람에게 일어난 일이었다고 해도 분명히 나는 '그것참 신기하네. 어떻게 그런 일이 일어났지'라고 안타까워했을 것이 틀림없다. '그거참 세상에 별일이 다 있네!'라고 마음속으로 생각했을지도 모른다. 지금부터 차근차근 내게 일어났던 '어처구니없는 일'을 소개하겠다.

일주일 전, 그러니 지난주 목요일에 팀원들과 점심을 먹었다. 여기서 핵심은 '점심을 먹었다'라는 사실이다. 지극히 개인적 취향 또는 성향이겠지만, 더위를 극도로 싫어하는 나는 6월부터 8월까지는, 때로는 5월 말부터 9월 초까지는 일반적인 식사를 하지 않는다. 남들이 밥을 먹으러 삼삼오오 나가면 사무실에 앉아 아내가 챙겨 준 쉐이크를 마신다. 당연히 처음에는 '배가 고프다'라는 생각도 있었지만, 몇 년을 그렇게 살았더니 나름 적응됐다. 배고픔을 받아들임에 있어서도, '아침밥을 먹고 점심

밥을 먹는 것처럼, 아침밥을 먹고, 약간의 허기를 면한 뒤 저녁밥을 먹을 뿐이다'라고 생각한다. 조금 엉뚱한 방향으로 얘기가 길어졌지만 말하고 싶은 것은 왜 하필, 점심을 먹지도 않는 사람이 그날따라 밥을 먹으러 나갔을까 싶은 점이다.

그날은 저녁 회식문화가 없는 회사와 팀 분위기상 팀원들과 점심을 먹으러 나가기로 했었다. 나름의 피치 못할 사정은 있었던 셈이다. '무엇을 먹을까' 잠시 고민하던 중 팀원 중에 한 명이 알아서 예약까지 마쳤다고 했다. 회사 주변에 있는 냉면 전문점 중 맛집으로 꼽히는 곳이 있단다. 날도 더우니 잘 됐다는 생각에 팀원 3명과 길을 나섰다.

시원한 냉면에 맛있는 육전까지 더했고, 맛있게 먹으며 대화도 나눴다. 기분 좋게 식사를 마쳐갈 무렵, 아! 순간 아찔했다. 시공이 멈춘 듯 뭔가 잘못됐다는 듯 등줄기가 오싹한 기분. 씹는 순간 이에서 '우직' 하는 소리가 나더니 시렸다. 100% 뭔가 문제가 생겼다. 이건 비상사태다. 순식간에 흐르는 식은땀을 닦으며 팀원에게 양해를 구하고 자리에서 일어났다. 화장실에 가서 한번 봐야 할 것 같았다. 카운터에서 손님을 맞이하고 있는 사장님이 보였다.

"음식을 먹다가 이가 깨진 것 같다"라고 상황을 알린 뒤 화장실로 향했다. 입을 크게 벌리고 거울 앞에서 이리저리 살펴봐도 안쪽 어금니라 보이지 않았다. 이렇게 시간을 끌어서는 안 된다는 생각이 들었다. 몸은 조치를 취하기를 기다리는 듯 통증을 호소해 왔다. 자리로 돌아와 "이가 깨진 것 같은데, 바로 병원을 다녀와야 할 것 같습니다"라고 동석한 팀원들에게 말했다.

마침 식사가 마무리되던 중이라 팀원들 모두 함께 자리에서 일어났다. 음식값을 계산하며 다시 사장님께 "말씀드린 것처럼 식사 중 이에 문제가 생긴 것 같습니다. 바로 치과에 다녀오려 합니다. 진료를 받아보고 문제가 확인되면 전화 드리겠습니다"라고 말하고 명함을 건넸다. 회사로 돌아와 상위직급자에게 '팀원들과 점심 식사 중에 이가 깨진 것 같아, 치과 진료를 다녀오겠습니다!'라는 보고 후 치과로 향했다.

막 점심시간이 지났을 때라 대기 없이 진료를 받았다. 원장 선생님은 간단, 간단하게 "아~ 하세요", 잠시 후 "엑스레이 찍고 오세요", 엑스레이 촬영 후 "이가 쪼개졌네요", 쪼개진 이를 제거한 후 "일주일 후에 다시 오세요"라고 말했다. 이후 원장 선생님은 현재 이의 상태와 앞으로 치료 계획을 자세히 설명해 주셨다. 전체적인 상황이 어이가 없기도 하고, 조금 당황스럽기도 해서 "원장 선생님! 그러면, 일주일 후에 제 이는 어떻게 되는 건가요?"라고 물었고 "그때까지 상태 봐서 결정해야겠지만,

남은 이를 살리면 제일 좋겠죠. 하지만 손상이 너무 심하면 불가피하게 남은 이를 뽑아야 할 것 같네요. 장담할 수 없습니다" 라는 답을 들었다.

채 한 시간도 안 되는 사이 내게 일어난 일들을 생각하니 어이가 없어도 너무 없었다. 육전과 상추절임이 있긴 했지만 단순히 얘기하면 여름철 냉면집에서 냉면을 먹다가 최악의 상황으로 멀쩡한 이를 뽑게 생겼다. 다시 회사로 돌아가 평소처럼 일하고 집으로 돌아와 아이와 아내에게 말했다.

"나, 오늘, 점심 먹다가, 이가, 딱, 쪼개졌어!"

아내와 아이가 동시에 물었다.

"응? 아빠, 뭘 먹었는데?"
"점심 먹으러 어딜 갔기에?"

할 말은 많았지만 나도 어이가 없는 하루였기에, 다소 귀찮은 마음으로 그저 그냥 "냉면! 냉면집!"이라 답했다. 지금 생각해 봐도 그야말로 '어처구니없는 날'이었다. 운수 나쁜 날이라 생각했지만 한편으로 생각하니 이걸로 '올해 액땜했다'라고 말하고 싶다. 그나저나 앞으로 치과 다닐 일이 막막하다. 나도, 아이처럼 치과가 싫다.

해병대전우회,
정말 감사합니다!

　돌아보니 꿈같은 시간이었다. 같이 놀고, 같이 먹고, 같이 잤다. 아이와 오롯이 2박 3일을 함께했다. 그것도 대전집을 떠나. 3일 내내.

　2018년 3월부터 시작됐던 1년간의 육아휴직 이후, 오랜만에 느껴보는 뿌듯함이었다. 물론 아내도 함께했지만, 아내는 아이의 작은고모가 진행하는 행사를 온종일 도와야 했기에 행사장 안에서의 3일은 오로지 둘만의 시간이었다.

　여름방학의 막바지 즈음, 광복절을 포함한 마지막 연휴가 시작됐다. 그때 예천군에서 '예천세계곤충엑스포'가 열렸다. 아이의 작은고모는 그곳에서 행사에 방문한 아이들을 위한 작은 체험 공간을 운영했다. 그런 쪽에 소질이 있고, 관련 자격증도 있는 아내는 아이 고모가 혼자 행사를 잘할지 걱정스러워했다. 아이 할머니는 아내가 와서 아이 고모를 도왔으면 했다. 그래서 겸사겸사, 영주에 있는 아이의 할머니도 뵙고, 아이는 축제장에 마련된 물놀이장에서 올여름 못다 한 물놀이도 맘껏 하고, 아내는 특유의 친화력으로 아이의 작은고모 행사도 도우려고, 일타삼피의 꿈을 안고 집을 나섰다.

그렇게 비가 오락가락, 푹푹 찌는 무더위와 함께했던 예천군 한천체육공원 축제장에서의 2박 3일 동안 정말 많은 일이 있었다. 그중 단연 최고의 순간을 꼽으라고 아이와 내게 묻는다면 우리 부자는, 해병대전우회가 진행한 무료보트체험에 한 표를 던지겠다. 안전하면서도 스릴 만점이었던, 고마움이 가득했던 순간을 그저 추억으로 남기기엔 조금 아쉬웠다.

그래서 축제가 종료된 다음 날 아침, 예천군 〈칭찬합시다〉 게시판에 아래의 글을 남겼다.

안녕하십니까.
저는 대전에 있는 회사를 다니는 16년 차 연구원입니다.
정말 푹푹 찌는 무더위, 광복절과 함께한 연휴를 앞두고 초등학생 아이의 개학이 며칠 남지 않았기에 무엇을 해야 하나 많이 고민하고 있던 차, 아이의 할머니가 계신 영주에 다녀오기로 했습니다. 아이의 할머니가 마침 예천에서 곤충축제를 하고 있다는 얘기도 하셨습니다.

솔직히, 처음에는 큰 기대가 없었습니다. 날씨도 너무 덥고, 지역 단위 행사도 별다른 차별점이 없을 것이라 생각했기 때문입니다. 그런데, 어쩌다 보니 토·일·월, 연휴 3일 모두를 영주에서 예천까지 왔다 갔다 하루 종일 행사장에서 보냈습니다. 당연히 아이는 물놀이를 너무 재미있어했습니다. 축제 입장권 구매 후 받은 예천사랑쿠폰 6장으로 맛있는 치킨도 사 먹을 수 있었습니다.

무엇보다, 제가 이렇게 회사에 출근하자마자 게시판에 글을 쓰게 만든 것은 행사장에서 너무나 빛났던 예천군 해병대전우회 때문입니다.

행사장 입장권 구매자에게 무료로 태워주는 보트가 재미있었던 것은 두말할 필요도 없고, 그 과정에서 더위에 지친 관람객들을 위해 대기 중에 시원한 물도 나눠 주고 또, 보트를 타고 싶어 하는 지역 어르신들께도 선뜻 체험을 할 수 있게 따뜻한 말을 건네는 모습이 보기에 너무 좋았습니다.
저는 3일 동안 2번 보트를 탔습니다. 그때마다 해병대전우회에서는 정말 최선을 다해 보트 이용객들을 재밌게 해주려 묵묵히 노력하였습니다. 이런 이유로 꼭 감사 인사를 전해야겠다고 생각했습니다.

보트를 타고 난 후, 아이가 말했습니다.

"아빠, 그런데 이거 지난번에 남해 바다 갔을 때보다 훨씬 재밌어. 그리고 아저씨들이 살짝 무섭게 생겼는데, 너무 친절하신 것 같아"라구요.

행사 마지막 날인, 어제저녁에 행사장 한편에 마련된 임시다리를 건너며 우연찮게 군수님과 군의회 관계자분들 곁을 지났고, 마침 해병대전우회 분들이 다리 곁으로 보트를 타고 지나시며 그분들과 인사를 나누고 있기에, 아이와 저는 "해병대 너무 감사합니다!!"라고 크게 외쳤습니다.

예천군 덕분에, 그리고 예천군 해병대전우회 관계자분들의 친절함과 따뜻함 덕분에, 이번 여름, 마지막 휴가는 정말 알차게 잘 보냈습니다.

임석재 드림

아이가
자주 등장합니다

'내가 그런 말을 자주 했던가?'

생각해 보니 그런 것 같다. '아이가', '아이와', '아이의' 등 아이와 함께하며, 아빠라는 이름으로 살아가며, 어딘가에 저장해둔 그 말을 필요할 때마다 꺼내 썼고, 지금도 여전히 쓰고 있다. 아마 앞으로도 자주 쓰겠다.

때로는 의식하고, 또 때로는 의식하지 못한 채. 내가 쓰는 글에 아이는 자주 등장했다. 최근에 쓴 언론사 기고문, 그곳에도 어김없이 등장했다.

아이가 등장하지 않을 것 같은 〈투표 방법과 절차, 이게 최선일까(경향신문, 2021.9.3.)〉라는 기고문의 첫 문장은 "최근 아이와 산책 중에 대전시의 2022년 주민참여예산에 대한 시민참여 홍보 현수막을 봤다"이다. 그 문장을 시작으로 제법 긴 글의 논지를 전개했다. 주민참여예산, 투표 방법과 절차 등과 관련된 이런저런 논문을 참고했고, 마지막에 내 생각을 보탰다.

다른 기고문에도 아이는 등장했다. 〈영주선비도서관 도서 대출 제도 개선해야(영주신문, 2021.8.20.)〉라는 글도 "책을 좋아하는 초등학교 1학년 아이와 '경상북도교육청 영주선비도서관'을 찾았다"라는 문장이 있다. 지금 다시 읽어보니 그저 도서 대출 제도의 개선을 얘기해도 충분했을 텐데, 어쩌면 습관처럼 아이와의 일상을 반영했다.

〈학교운영위원회 개선 필요하다(한겨레신문, 2021.7.6.)〉라는 글 또한 첫 문장은 "올해 아이가 초등학교에 입학했다"이고, 〈시설 제한 운영, 관람객 배려 필요(조선일보, 2021.6.30.)〉라는 독자의견 또한 주된 내용은 "불편을 겪을 어린이나 노인 등을 위한 대책을 따로 마련해야 한다"라는 것이다. 다른 글들도 그런가 싶어 조금 더 확인해 보니 〈1시간 전화했다, 모두의 일은 누구의 일도 아니었다(한겨레신문, 2021.4.13.)〉라는 글도 "아이와 함께 집 주변을 산책하다 초등학교 좁은 등굣길 이곳저곳에 버려진 쓰레기 더미들을 보았다"라는 문장이 있다. 그 문장을 시작으로 나와 아이의 눈에서 본 것들, 그것들을 통해 확인한 문제점과 그에 따른 개선사항 등을 얘기했다. 최근, 정확히는 아이가 태어난 이후 쓴 글들은 많은 경우, 어쩌면 대부분 아이가 등장했다.

강의 또한 다르지 않았다. 작년에 진행했던 〈도서관 강의(사람이 책이 되는 유성구 휴먼북, 2021.9.4./9.11.)〉에서도 책읽기, 글쓰기 강의를 진행하며 아이가 자주 등장했다. 이 경우는 의도적으로 등장을 시켰다. 다른 얘기도 많이 했지만, 아이를 둔 부모들은 책을 좋아하고 책을 많이 읽는 아이의 모습이 등장하고 이어지는 설명에 무척 신기해했고, 궁금해했다.

아이가 책을 읽게 된 과정과 그에 따른 변화, 그것을 함께하며 느낀 것 등을 얘기했고, 아이가 이런저런 책(아이 수준에서)을 쓴 것들 또한 공유했다. 전주동물원을 방문하고 만든 동물도감 책을 얘기했고, 그 책에서 아이가 작성한 "이 책은 엄마랑 전주 동물원에 갔을 때 사람과 생물이 어우러져 살아야 한다는 생각에 만들었습니다!"라는 머리글도 소개했다.

올해 진행된 유성도서관 행복한 문화학교의 〈도서관에서 만나는 실전 인문학, 2022.8.21./8.28./9.4./9.18./9.25.〉에서도 책읽기, 글쓰기 강의를 진행하며 아이는 어김없이 등장했다. 읽기의 중요성을 얘기하며 아이가 신문을 읽게 된 과정을 공유했고, 그 과정에서 엄마와 아빠가 할 수 있는 일들, 해야만 하는 일들과 하지 말아야 하는 일들을 말했다. 쓰기의 중요성을 얘기하며 아이가 내 책『오늘의 아빠』(도서출판 이곳, 2022)의 일부를 감수했던 과정 또한 공유했다. 아이는 당시 자기가 보기에 맞지 않다고 생각하는 문장 또는 단어를 표시했고, 자신의 생각대로 고쳤다. 그것들은 제법 그럴듯했다. 예를 들면, '비가 왔다 갔다 하는데 밤에만 오고 낮에는 쨍쨍해'라는 문장은 '비가 왔다 안 왔다 하는데 밤에만 비가 오고 낮에는 쨍쨍해'로 수정됐다.

이렇게 아이는 내 글과 내 강의에 '꽤나', '자주', '습관적으로', 등장했고, 등장한다. 아내는 '아이가 내 삶의 뮤즈(Muses)'라고 한다. 그 말에 200% 동의한다. 내 삶의 뮤즈, 그리고 곁에 있는 아내와도 더 좋은 날들을 기대해 본다.

감동 포인트

딱히 그러려고 그런 것은 아닌데 돌아보니, 차근차근, 순서대로, 바꿔가며, 시청하고 있다.

〈뭉쳐야 찬다(JTBC)〉를 시작으로 〈국대는 국대다(MBN)〉를 거쳐 〈골 때리는 그녀들(SBS)〉을 지나 〈최강야구(JTBC)〉까지. 대부분의 경우 한 주에 텔레비전을 보는 시간을 모두 합해도 채 2시간이 되지 않는다. 하지만 요 며칠 주말에는 가능하면 〈최강야구〉는 보려 한다. 아니 반드시 보고 싶다. 아주 강렬하게.

왜 〈최강야구〉일까? 〈최강야구〉만의 재미는 무엇일까? 야구 자체가 주는 재미일까? 사람과 사람이 작은 공 하나를 치고받으며 승부를 겨루는 독특함. 이것만이 이유라면 프로야구 중계방송으로도 충분하겠다. 그런데 더듬어 보니 기억이 가물가물하다. 가장 마지막으로 본 경기가 기억조차 나지 않는다. 그러니 다른 이유가 있겠다.

곰곰이 생각해 보니 조금 분명해진다. 사람이 주는, 사람만이 줄 수 있는 '감동 포인트'.

이승엽(삼성), 박용택(LG), 정근우(한화) 등으로 대표되는 경기력의 정점을 지난 프로선수와 심준석(덕수고), 윤영철(충암고), 신영우(경남고) 등으로 대표되는 경기력의 정점을 향해 가는 고교 선수 간의 대결이 주는 묘한 긴장감과 때로는 깜짝 놀랄 반전까지. 몸이 마음을 따라주지 않는 프로선수들이 그것을 이겨내려 개인 훈련을 마다하지 않고 끊임없이 몸을 만들며 진심으로 노력하는 모습에 작은 감동까지 더해졌다. 또 시청자들에게 익숙하지 않은 몇몇 고교야구 투수들이 이미 프로야구 투수인 것처럼 시원스레 강속구를 내던지는 모습에 깜짝깜짝 놀라기도 했다. '특정 학교의 특정 선수만 그렇겠지'라고 짐작할 때면 또 다른 고등학교에서 다시 또 월등한 실력을 자랑하는 또 다른 선수가 등장해 보는 재미를 더한다. 아직 방송을 모두 보지는 못했지만 이런 이유로 〈최강야구〉에 순식간에 빠져들었고 앞으로도 부지런히 챙겨 보려 한다.

〈뭉쳐야 찬다〉는 축구 선수가 아닌 테니스 선수 이형택, 농구 선수 허재, 레슬링 선수 심권호 등 축구가 아닌 종목에서 대한민국을 대표하는(했던) 선수들이 출연해 뜻밖의 재미를 줬다.

〈국대는 국대다〉는 '전' 유도 국가대표 이원희 선수와 '현' 유도 국가대표 상비군 김대현 선수의 경기 등을 통해 '전'이라는 글자는 붙었지만 '국가대표'라는 이름으로 수십 년을 살아온 이들이 은퇴 후에도 그리 호락호락하지 않음을 보여줬다.

〈골 때리는 그녀들〉도 남자들만의 경기로 인식된 축구(풋살)를 여자들이, 그것도 운동을 직업적으로 하지 않는 모델, 아나운서, 가수 등 축구에 전혀 관심 없어 보이는 사람들의 승부에 대한 진심을 보여줬다.

돌아보니 소개한 몇몇 방송 프로그램들은 제 나름의 '감동 포인트'가 있다. 그런 부분이 시청자인 나를 몰입하게 했고, 그 몰입은 조금 더 집중하게 만들었다. 몰입이 몰입을 불렀고, 집중이 집중을 더했다.

같은 결인지 그렇지 않은지 정확히 설명할 수 없지만 아이와 함께하며, 아이를 바라보며, 내 나름의 '감동 포인트'가 있고, 이를 가끔은 유지하려 노력한다.

그럴 때다. 아이가 내 마음 같지 않을 때. 나만의 감동 버튼이 있기에 잠시 아이를 안아본다. 그저, 그냥. 그렇게 안았을 때 말랑말랑, 몰랑몰랑, 몰캉몰캉한 느낌.

심통 난 것 같은 표정의 아이가 느닷없이 "아빠"라고 작게 부를 때의 그 느낌.

휴대폰 가득 저장된 아이의 사진들을 가만히 혼자서 하나둘 쓱쓱 넘길 때면 느껴지는 알 듯 말 듯 한 뿌듯함과 대견함까지.

이렇게 글을 쓰면서도 자꾸만 떠올리게 되는 아이의 이런저런 모습들, 표정들, 장면들까지. 쓰고 보니 '감동 포인트'라는 것이 뭐 그리 크지도 멀지도 않은 것 같다. 어쩌면, 내 삶 가까이에 '감동' 그 자체가 있음에.

괜히,
참고 살았다

적어도 몇 달은 됐다. 조금 불편했지만, 그냥 참고 살았다. 그렇게 큰 불편 없이 조금씩 적응해 간다 생각했는데 때때로, 순간순간, 답답했다. 그러다 문득, 이렇게 살면 안 될 것 같았다. 나도 그렇지만 아이를 위해서라도. 그래서 결심했다. 내가 직접 고치기로. 미루지 말고 진짜 바꾸기로. 우리 집 욕실 전등이 '확' 나가버렸기 때문이다.

처음에는 클럽처럼 깜빡깜빡했다가, 어느 순간부터는 영 돌아오지 않고 깜깜하다. 아파트 욕실은 창문이 없으니 낮이고 밤이고 문을 닫으면 어둡다. 문을 열고 샤워하거나 볼일을 볼 수는 없다. 아무리 가족끼리 사는 집이라지만, 참으로 난감한 일이다. 손전등 모드로 욕실에서 씻거나, 일을 보면 어쩐지 으스스하다.

그래, 고치자! 머릿속으로 순서를 생각했다. 무엇을 할지 생각한 다음에는 장비를 챙겼다. 거실의 작은 의자도 챙겼다. 의자에 올라 전등을 살펴봤다. 고치자 마음먹고, 나름의 순서를 생각한 것이 무색하게 막상 고장 난 전등 앞에 서자 잠시 멍해졌다. 고민됐다.

'뭐가 문제지? 뭘 먼저 해야 하지? 이걸 도대체 어떻게 뜯어야 할까?'

딱히 생각나는 방법은 없었다. 그래서 무작정 그냥 뜯었다. 물론 조심조심. 혹시 감전될 수도 있으니 손에는 두툼한 겨울 장갑까지 끼고(많이 불편했지만 덕분에 많이 안심됐다). 우선, 드라이버를 이용해 어렵지 않게 천장에서 전등을 분리했다. 겉으로 보기에는 멀쩡했는데 전등 안쪽이 까맣게 그을려 있었다.

'이거였구나!'라는 짧은 탄식, 어쩌면 환희가 있었다. 이렇게 간단한 것을 알지 못해서 아파트 관리사무소에서 몇 번이나 다녀갔다니.

몇 달 전부터 욕실등에서 이따금씩 연기가 났다. 관리사무소에 문의했다. 오래된 아파트라 배선에 문제가 있다는 이야기, 누전 우려 등의 이야기 등을 들은 기억이 나서 이번에도 유사한 문제가 아닐까 생각했기 때문이다.

관리사무소에 문의할 때마다 연세가 있는 두 분의 기사님께서 방문해 열심히 살피셨다. 천상까지 뜯어 전선 등에 문제는 없는지 이것저것 확인하셨다. 그리고 매번 같은 답을 내놓으셨다.

"전기에는 문제가 없습니다. 연기도 나고 냄새는 나지만 왜 그런지는 모르겠네요. 일단 안전상의 문제는 없어 보이니 안심하고 또 이러면 다시 오겠습니다."

이상한 답이었다. 연기도 나고, 냄새도 나지만 안전에 문제는 없다? 답답하지만 전문가가 그렇다고 하니 어쩔 수 없었다. 더욱이 전세로 살고 있으니. 조금 더 문제가 복잡했다. 그냥 살더라도 혹시 모르니 문제와 조치사실에 대해 임대인에게 고지했다.

"욕실 전등에서 때때로 연기가 나기에, 아파트 관리사무소에서 다녀가셨는데 정확한 원인은 모른다고 하십니다. 알고 계셔야 할 것 같습니다."

아무리 생각해도 화재의 위험을 안고 욕실을 쓰기는 힘들었다. 그래서 처음에는 전등을 사용하지 않았다. 어두컴컴한 욕실에서 휴대폰으로 플래시를 켜고 씻었다. 그것도 쉽지 않았다.

다음에는 아내가 다이소에서 2,000원짜리 센서등 하나를 구입했다. 나름 신세계였다. 그런데 싼 게 비지떡인지 며칠 전부터는 센서등마저 흐려지기 시작했다. 건전지를 이렇게까지 빨리 먹다니. 아니면 고장인가? 다시 또 센서등을 살까 잠시 생각했다.

그러다 문득 며칠 전, 출근을 위해 욕실에서 샤워할 때가 생각났다. '아, 진짜 어둡다. 이렇게 계속 지내야 하나.' 나도 느닷없이 이런 감정을 느끼는데 아이는 오죽할까. 어쩌면 아이는 나름대로 자포자기하며 '싫어, 무서워'라는 솔직한 감정을 말하지 못했던 것은 아닐까?

여하튼, 전등에 문제가 있음을 간단히 확인했고, 인터넷 검색으로 찾은 집 근처 가까운 전등업체에 바로 전화했다.

"전등 안쪽이 그을려 있는데 이걸 가지고 가면 교체할 수 있을까요?"
"네, 그거면 충분합니다."

가격은 8,800원. 새 전등에 전선 두 가닥을 꽂으니 욕실이 지나치다 싶을 만큼 밝아졌다. 순간 기뻤고, 순간 뿌듯했다. 30분이면 해결될 일을… 8,800원이면 해결될 일을… 이리도 간단한 것을 가족 모두가 몇 달을 불편하게 살았다.

생각해 보니, 우리 가족 모두 참 대단히도 지나치게 긍정적이다. 화재위험이 있으니 쓰지 말자 생각하고 나도, 아내도, 아이도 "괜찮아. 뭐, 그냥 살면 되지 뭐"라고 말했던 기억도 떠올랐다. 가족끼리 별걸 다 닮았다.

결론은 '괜히, 참고 살았다'라는 것! 앞으로 '참고 살지 말자'라는 것!

결혼식 구경

　회사 후배의 결혼식이 있었다. 청첩장은 이미 며칠 전에 받았다. 장소는 집에서 멀지 않았고, 시간은 일요일 12시였다. '갈까? 말까?'를 이런저런 이유로 잠시 고민했고, 오래지 않아 가기로 결정했다. 나는 어떤 선택이 좋을지 모를 상황이라면, 타인의 입장에서 좋은 쪽을 선택하는 것이 나을 것이라 생각했다.

　누구 하나라도 좋으면 된다, 라는 생각은 꽤나 오래전에 마음먹은 것인데, 시간이 지날수록 그게 맞는 것 같아서 가능하면 그 마음을 오래 지속하려 한다. 물론 그런 생각도 해본다. 청첩장은 줬지만 '결혼식장까지 오는 것을 원하지 않을지도'라고. 어디선가 베스트 하객은 축의금은 전하고, 참석하지 않는 사람이라는 말을 봤다. 어쩌면 축의금만 건네는 것이 실리에 맞을지도 모르겠다.

　여하튼 가기로 마음을 먹었다. 주말 일정상 가족이 모두 움직이기로 했다. 아내가 "혼자 가는 거면 몰라도 나랑 애도 가면 축의금을 생각했던 것보다 두 배는 더 해야 하지 않을까? 물가가 많이 올랐는데"라는 말을 하더니 "결혼식 본 적도 오래돼서 가보고 싶긴 한데, 회사 사람들 많이 오지?"라며 잠시 생각을 한다. 이어 "입을 옷도 없고 부담스럽네. 그냥 혼자 다녀와. 다음 일정은 좀 서두르지 뭐"라고 말한다.

결국 혼자 갔다. 도착했을 때 결혼식장은 이미 하객들로 가득 차 있었다. 〈10월의 어느 멋진 날〉이라는 노래가 괜히 있는 게 아닌 듯 가을은 결혼하기 딱 좋은 계절인지 30분 단위로 결혼식이 예정되어 있었다. 결혼식장에 도착해 회사 후배에게 '축하합니다'라고 가벼운 인사를 전하고, 이미 도착한 다른 부서 팀장들과 얘기를 나눴다. 다음 달에 있을 회사 인사, 조직 개편 등등. 그렇게 잠시 시간을 보내고 있는데 휴직 중인 후배의 모습도 보였다. 그동안 어떻게 살고 있나 궁금했는데 이렇게라도 얼굴을 보니 반가웠다.

신랑과 신부의 어머니들 입장을 시작으로 결혼식은 시작됐다. 이어 신랑이 소개됐고, 신랑은 씩씩한 걸음으로 환하게 웃으며 성큼성큼 중앙으로 나아갔다. 그리고 여느 결혼식처럼 주인공인 신부가 등장했고 그녀 또한 조심스레 하지만 당당하게 한발, 한발 내디뎠다. 꽤나 오랜 시간 만남을 가졌다는 신랑과 신부는 마주 서서 인사를 나눴고, 다시 나란히 서서 하객들에게 인사를 건넸다.

그 모습에 2008년 11월의 어느 날, 나와 아내의 모습이 잠시 생각났다. 2003년에 만나, 2008년에 결혼하고, 2014년에 아이가 태어났다. 그 사이에도 글로 못다 할 많은 일들, 많은 얘기들이 있었다. 하지만 오늘의 주제는 그것이 아니니 모두 다 생략하고, 그저 2008년의 나와 아내는 어떤 사람이었을까? 그리고 2022년의 나와 아내는 어떻게 변했을까? 또 변하지 않은 것은 무엇일까? 2014년에 태어난 나와 아내의 아이는 우리의 삶에 어떤 의미일까? 후배의 결혼식을 보며 과거의 나도, 현재의 나도, 그리고 미래의 나도 잠시 생각해 봤다. 거기에 과거의 아내도, 현재의 아내도, 그리고 미래의 아내까지. 아내의 말처럼 '우리는 바늘과 실'이니까. 거기에 하나 더 보태자면, 그 '바늘과 실'의 바짝 곁에서 이리저리 잘 꿰이고 있는, 아니 어쩌면 잘 꿰고 있는 아이까지.

그렇게 결혼식이 끝나갈 무렵, 회사 동기와 밥을 먹었다. 결혼식장 하객이지만 회사 동료이기에 자연스럽게 회사 얘기를 나눴다. 그리고 잡담도 이어졌다. 그는 마침 지금의 내 나이에 둘째 아이가 생겼었다. 문득 그에게 가족계획을 털어놓았다.

"아내와 둘째를 가져 볼까 생각 중입니다. 남들은 어떻게 다시 갓난쟁이를 키울 생각이냐고 말리는데, 또 어찌 생각하면 첫째 때는 아무런 경험이 없었지만 그래도 둘째 때는 경험이라도 있으니 조금이나마 수월하지 않을까 싶습니다."

동기는 웃으며 "말리고 싶습니다"라고 짧게 답했다. 각자의 아이 아빠인 우리 둘은 아주 유쾌하게 웃었다.

단풍이 곱게 물든, 볕이 좋은 주말 오후, 잠시 타인의 결혼식을 구경했고 또 잠시 나의 결혼식을 떠올렸다. 집으로 돌아오는 길, 그냥 웃음이 났다. 이래저래 행복하다.

아들 손 잡고,
목욕탕 풍경

정확히는 '사우나 풍경'이다. 다시 또 '풍경'이라 했지만 그보다 장면, 감상, 생각 등등이 더 적당하겠다. 설명이 길었지만 말하고 싶은 것은 한 문장.

"나는 사우나를 좋아한다."

누가 내게 '한 시간의 여유가 생긴다면 무엇을 하겠는가?'라고 묻는다면 '신문을 보거나, 책을 읽거나, 음악을 듣겠다'라고 답하겠다. 다시 또 내게 '두 시간의 여유가 생긴다면 무엇을 하겠는가?'라고 묻는다면 별다른 고민 없이 '가능하다면, 사우나를 하겠다'라고 답하겠다. '가능하다면'이라는 전제가 붙었지만 아마도 '가능하도록' 여건을 만들어 '사우나'를 할 것이다.

뜬금없이 사우나 얘기를 하는 것은, 어쩌다 보니 이번 주에는 사우나를 유난히 '많이' '홀로' 즐겼기 때문이다. 목요일 오전과 토요일 오후에. 늘 함께하는 아들과 간 것도 아니고. 혼자서. 정말 좋았다.

4년 전, 육아휴직을 했을 때 혼자 하는 사우나의 느긋함을 만끽했다. 아이가 어린이집에 있는 동안 2주에 한 번 정도였다. 그것도 요리조리 기회를 봐서. 그랬는데 이번 주에는 짧은 기간에 두 번이나 했다. 대전에서 한 번, 경기도 양평에서 한 번.

직장인에게 그게 어떻게 가능한 일인가 하면, 목요일에는 자동차 점검을 위해 오전에 휴가를 냈다. 업무에 지장을 주지 않으려 최대한 점검 시간을 일찍 잡으려 했지만, 회사 일이라는 게 마음 같지 않았고 바쁠수록 계획은 빗나가기 마련이다.

정비소 사장님이 "가게는 10시에 시작합니다. 저녁에는 늦게까지 하니 편하실 때 오시면 됩니다"라고 하였기에 오전 반차는 이미 낸 상황이고 발을 동동 굴러봤자 뾰족한 수는 없었다. 그저 흘러갈 시간을 알차게 기다리는 수밖에.

우선 오랜만에 아내를 따라 아이의 등교를 함께했다. 그때가 8시 30분. 점검까지 한 시간 반이 남았다. 뭘 하면 좋을까, 잠시 고민했다. 신문을 볼까, 책을 읽을까, 아니면 그냥 쉴까. 불현듯 '사우나'가 스쳤다. 시간이 조금 애매했지만 이왕 이렇게 된 거 30분 더 여유를 가지면 못 할 것도 없었다.

아내에게 "같이 갈까?"라고 물으니 "아니, 나는 도서관에 가서 글 좀 쓰려고"라고 받았다. 그렇게 혼자가 됐다. 아이는 학교에, 아내는 도서관에 갔으니 홀로 사우나로 향했다. 평일 오전이라 주로 연세가 지긋한 어르신들로 붐볐다. 아내에게 '사우나(목욕탕)'란 온몸 구석구석 박박 문질러야 하는 곳이지만, 내게는 땀을 뻘뻘 흘려야 하는 곳이다. 그래서 늘 습식, 건식 사우나를 번갈아 들락날락한다.

그러다 문득, 주변을 둘러봤다. 샤워를 하며 흥얼흥얼 노래하는 사람, 온탕에 들어가지는 않고 경계석에 누운 사람, 머리에 때밀이 수건을 두르고 산책을 다니듯 휘적휘적 돌아다니는 사람, 좁은 냉탕에서 수영이라도 할 듯 준비운동을 하는 사람, 살갗마저 벗기려는 양 밀었던 때를 밀고 또 미는 사람(아무래도 아내가 저러는 모양이다), 열탕에 몸을 담그고 지인과 두런두런 얘기를 나누는 사람, 세신사를 찾아 두리번거리는 사람, 따뜻한 온돌마루에 누워 드르렁드르렁 코를 골며 잠을 자는 사람까지. 거기에 등과 다리가 커다란 문신으로 가득한 사람에, 다리가 불편해 휠체어를 타고 지팡이를 짚고 다니는 사람까지. 짧은 시간, 정말 다양한 사람들을 익숙한 듯 낯설게 구경했다.

며칠 뒤에는 경기도 양평 출장이 있었다. 일과 후 아내도 아이도 없는, 집이 아닌 숙소에서 혼자 시간을 보낼 수 있는 방법은 사우나밖에 없었다. 거기서도 사람 구경을 했다. 토요일 오후, 사우나가 문을 닫기 직전이었기에 사람들이 많지는 않았지만 냉탕 옆에서 자신만의 방식으로 팔, 다리 운동을 하는 사람, 건식 사우나에서 동료와 두런두런 업무 얘기를 나누는 사람, 서로의 등을 밀어주는 아빠와 중학생으로 보이는 아들까지. 그 모습을 지켜보다 아이와 나의 모습이 겹쳐졌고, 아내가 생각났다.

아이가 아기였을 때는 아들이지만 엄마를 따라 여탕을 갔다. 그때는 늘 느긋한 사우나 시간이 보장되었다. 초보엄마인 아내가 물을 만나 신난 아기와 놀아주고, 씻기고 닦이고 본인도 챙겨 나오려면 시간이 걸렸기 때문이다. 아이는 무럭무럭 자라 어느 날, 법적으로 아빠 손을 잡고 남탕에 갈 나이가 되었다. 공중위생관리법 시행규칙, '목욕실 및 탈의실은 만 4세(48개월) 이상의 남녀를 함께 입장시켜서는 안 된다'에 따르는 준법정신에 입각하여.

어쩔 수 없이 아쉬우면서도 느긋한 시간, 아내의 마음과 시간을 나는 안다. 그리고 내가 충분히 여유를 즐기는 힐링타임 동안 아내는 어떤 고군분투가 있었는지 이제 이해하겠다. 아마 아이가 더 어렸으니 지금의 나보다 더 여유가 없고, 더 신경이 쓰였겠다. 그래도 목욕탕을 손잡고 가는 아이와 부모의 모습은 늘 '풍경'이다.

어느 날 누군가의 눈에도 나와 내 아들의 모습이, 양평 사우나에서 마주친 부자의 모습처럼 정겹겠지? '아빠랑 아들이랑 사우나를 함께하는 모습이 참 보기 좋네'라고 생각하겠지? 물론 9살 아이에게는 씻으러 가는 것이 물놀이하러 가는 기분인 것 같지만. 그래도 어쨌든.

모든 영유아의
행복한 성장 뒷받침되길

　최근 보건복지부에서 〈제4차 중장기 보육 기본계획 (2023~2027)〉을 발표했다. 보육과 양육서비스의 질적 도약으로 모든 영유아의 행복한 성장을 뒷받침하겠다는 방향에는 대체로 만족하고 공감한다.

　기본계획은 성장발달 시기별 최적의 국가 지원 강화, 미래 대응 질 높은 보육환경 조성, 모든 영유아에게 격차 없는 동등한 출발선 보장이라는 3대 목표 아래 부모급여 도입으로 양육비용 경감 등을 통한 영아기 종합적 양육지원 강화, 어린이집 보육 최적의 환경 조성 등을 통한 영유아 중심 보육서비스 질 제고, 보육교직원 양성 및 자격체계 고도화 등을 통한 보육교직원 전문성 제고 및 역량 강화, 공공보육 확대 및 내실화 등을 통한 안정적 보육서비스 기반 구축이라는 4대 전략으로 구성되어 있다.

　구체적으로 살펴보면 2023년 1월 1일부터 부모급여를 도입하여 만 0세 아동에게 월 70만 원, 만 1세 아동에게 월 35만 원을 지급하고 2024년에는 이를 각각 100만 원, 70만 원으로 확대할 계획이며, 어린이집 영유아 교사 비율 등은 개선하고, 놀이 중심의 보육을 실현하는 등 어린이집 적정 공간 규모와 구성에 대한 개선 방안 또한 마련할 예정이다.

동시에 인공지능(AI), 사물인터넷(IoT) 등 스마트기술과 빅데이터를 접목한 보육서비스 선도모델 또한 개발할 계획이며, 중장기적으로 보육교사 양성 인정 학과 졸업자 등 정부가 인정하는 학과 졸업자에 한해 보육교사 자격을 취득할 수 있도록 하는 학과제 방식 등으로 보육교직원 양성 및 자격체계 또한 고도화할 것이며, 국공립어린이집의 지속 확충으로 공공보육이용률을 2027년까지 50% 이상으로 제고하고 지역별 편차 또한 완화할 예정이다.

이와 관련하여 몇 가지 개인적 경험을 바탕으로 의견을 제안하고자 한다. 첫 번째 경험으로 2005년 국회에서 진행된 저출산고령화 전국 대학생 연구에세이 발표대회에서 임신부 대상 '산모카드' 발급과 친정어머니 대상 '육아수당' 지원을 제안했다. 이후 정부 차원에서 산모카드가, 일부 지자체에서 육아수당이 시행되었다.

20여 년 전에도 그랬지만 지금도 여전히 영유아 보육에는 심리적 안정도 중요하지만, 현실적으로 경제적 지원이 절실하다고 생각하기에 이번에 도입 예정인 부모급여에 적극 공감한다. 다만 100만 원이면 충분한지, 이를 통한 정책의 실효성을 기대할 수 있을지는 다소 의문이다.

두 번째 경험으로 2018년 4월부터 2019년 3월까지 1년간 육아휴직을 하였다. 당시를 떠올려 보면 개인적 부족함도 있었겠지만, 보육과 육아에 대한 공적 정보는 부족하였고 사적 정보는 넘쳐났다. 당황스러웠고 혼란스러웠다. 정부, 지자체, 사회 곳곳에서 많은 지원을 하는 것 같았지만 처음 경험하게 된 부모라는 이름으로 개별 정보들을 선별하기에는 몸도 마음도 준비되지 않았다. 발표된 기본계획에도 언급되어 있지만 진실로 맞춤형 양육정보의 제공을 통한 부모의 양육역량 강화는 절실하다.

세 번째 경험으로 2018년부터 아이와의 하루하루를 기록하였고 그것을 정리하여 매년 책으로 출간하고 있다. 육아휴직 경험과 육아휴직 이후 아빠육아 일상까지. 아이의 손을 잡고 어린이집을 등·하원하며 느낀 것은 보육시설의 수준과 보육교직원의 역량이 아이와 부모의 삶에 매우 큰 영향을 미친다는 점이었다.

이런 이유로 부모와 아이가 모두 신뢰할 수 있는 적정한 평가로 검증된 어린이집은 지속적으로 확충되어야 한다.

마지막 경험으로 영유아, 육아, 육아휴직, 아빠육아 등과 관련한 정책의 개선을 위해 다양한 글을 기고하고 있다. 이런저런 자료를 찾는 과정에서 매번 궁금하지만, 아직도 명확한 답을 구하지 못한 것이 있다. 해당 정책을 총괄하는 부처는 어느 곳일까? 보육의 관점에서 보건복지부일까? 고용의 관점에서 고용노동부일까? 그렇지 않으면 여성의 관점에서 여성가족부일까? 그도 아니면 대통령 직속의 저출산고령사회위원회일까? 부처의 특성을 반영한 정책도 필요하겠지만 모두의 문제는 누구의 문제도 아니라는 걱정과 모든 영유아의 행복한 성장이 뒷받침되길 기대하는 마음으로 부처간 역할의 재정립이 필요하다고 생각한다.

PART 3

초등가족은

재택근무 중

지난 주말, 팀 내 코로나19 확진자가 발생했다. 주말 아침부터 분주히 전화했고, 바쁘게 움직였다. 혹시나 하는 마음에 집에서 자가검사를 했고 다시 선별 진료소를 다녀왔다. 다행히 검사 결과는 둘 다 음성이었다. 하지만 확진자와 밀접 접촉자로 분류됐고 코로나19 확산 방지를 위해 일주일 동안 재택근무를 권고받았다. '권고'라지만 회사는 갈 수 없었다.

그렇게 재택근무가 시작됐다.

코로나19로 일부 기업에서는 이미 재택근무가 시행 중이었지만, 나의 경우 2020년 1월부터 2021년 12월까지 정부 부처 파견 근무를 다녀왔기에 재택근무는 처음이었다. 15년 이상 근무하면서 처음 해보는 경험이었다. 출근 시간 훨씬 전부터 책상 앞 의자에 앉아서 노트북을 켜고 할 일들을 생각했다. 몸은 집에 있지만 마음은 회사에 있었다. 그렇게 익숙하지 않은 방법으로 하나, 둘 일을 하면서 '재택근무는 두 번 다시 하고 싶지 않다'라는 생각만 반복했다. 14명의 부서원들과 전화, 메일 또는 회사 메신저로 일을 진행하고 자료를 검토하고 의견을 정리한다는 것이 생각처럼 간단치 않았다. 그럭저럭 처리는 했지만 흡족한 정도는 아니었다.

그렇게 시간을 보내고 있는데, 아이가 학교를 마치고 집으로 돌아왔다. 서재에서 문을 닫고 일을 하고 있었지만 아이와 아내의 인기척은 분명했다. 자연스레 신경이 쓰였고 마음이 따라갔다. 그런 내 마음이 느껴졌는지 아내는 아이와 함께 밖에서 시간을 보내고 오겠다고 했다.

"우리 신경 쓰지 말고 일해"라고 내게 말했고, 아이에게 "아들, 이번 한 주 동안 아빠는 서재에서 일하는 거야. 지금은 서재가 아빠 회사야. 방해 안 되게 우리가 조심하자, 알겠지"라고 아이에게 설명했다. 이어 "우리는 서점 다녀올게"라고 말했다. 시간에 맞춰 제출해야 하는 자료들을 정리하고 있었기에 "알았어. 조심해서 잘 다녀와"라고만 답했다. 마음이 고마웠고, 나 때문에 집에서 편안히 시간을 보내지 못하는 아내와 아이에게 미안했다.

퇴근 시간이 다가왔다. 아이와 아내가 돌아왔다. 재택이라 감은 없었지만 그래도 사무실 근무를 기준으로 정해진 퇴근쯤이었다.

"아빠, 열심히 일해. 나 서점 갔다 왔어."

아이는 서재 문을 여는 듯 마는 듯한 작은 틈 사이로 작게 속삭이더니 서둘러 문을 닫았다. 대답할 겨를도 없이. 마음속으로 '얼른 재택근무를 끝내야지. 이건 집에서 일하는 것도 아니고 쉬는 것도 아니다. 무엇보다 내가 일한다고 아내와 아이가 집을 집처럼 생각하지 못하면 안 되는데'라고 생각했다.

어쨌든, 일과를 마치고 방을 나왔다. 아이는 내가 일을 마무리하기만을 기다렸던 듯 보자마자 "아빠, 일 끝났어? 다했어?"라고 물었다. 그러더니 신이 난 얼굴로 "아빠, 그런데 나 오늘 책 샀어. 내가 용돈 133,000원 있었잖아. 그 돈으로 책 두 권 샀어"라고 보챘다. 그동안은 아이가 설날, 어린이날, 생일 등등에 받은 돈들은 내가 저금했다. 이제 겨우 9살이니 그전에는, 아니 지금도 그게 당연하다고 생각했다. 그랬기에 아이에게 "아들, 이번에 할머니, 큰고모, 작은고모가 준 용돈, 아빠가 저금할까?"라고 물었다. 그랬더니 언제나 '응'이라고 답하던 아이가 "아니, 이번에는 내가 가지고 있을게. 그리고 내가 잘 사용해 볼게"라고 답했다. 그 말에 잠시 망설였지만 그래도 아이의 돈이니 "아들, 아빠도 사고 싶은 것 있으면 돈 열심히 모으니까, 아들도 이번에는 용돈 가지고 뭘 사면 좋을까 계획을 잘 세워서 잘 써 봐"라고 답했다. 그리고 "더하기, 빼기 배웠으니까 지갑에서 얼마 줄었나, 얼마 늘었나도 잘 계산해 봐"라고 더했다.

생각해 보면 엄마와 아빠가 모든 것을 대신할 수는 없다. 아이도 자기 주도적으로 돈을 쓰고, 그 과정에서 고민도 하고 갈등도 하고 생각도 해봐야 한다. 그렇게 조금 더 성장하면 된다. 그러다 보면 엉뚱한 곳에 쓰기도 하겠지만 그러면서 더 많은 것을 배울 수도 있다고 생각한다.

그러나저러나 아직 재택근무가 며칠 더 남았지만, 코로나가 지속되는 한 언제 또다시 시작될지 모르겠지만, 어서 빨리 끝났으면 좋겠다. 다른 사람들은 몰라도 내 성향에는 집과 회사는 구분되어야 한다. 그게 나도 편하고 아내도 편하고 아이도 편한 삶이다.

코로나19
가족 확진

콜록콜록, 아직 기침을 한다. 종일 거친 기침을 하니 머리도 지끈지끈 아프다. 10일이 지났는데 여전히 11일 전, 그때 몸으로 돌아오지 않는다. 딱 하루 차이인데 그 하루가 참 별나게 느껴진다. 이게 전문가들이 말하는 코로나19 후유증인가 싶다. 나만 그런 게 아니라 아내도 그렇다. 아내는 코가 많이 막힌다고 한다. 그러니 종일 오죽 답답할까 싶다.

아내와 나는 서로 묻는다. 요즘 주된 하루 일과다. "오늘은 좀 어때?", "기침은 아직이야?", "콧물은 계속 나?", "머리 아프다고 하더니?", "다른 아픈 곳은 없고?" 이렇게 끝없이 이어가다 마지막쯤에는 "내일이면 나을까?"라고 더한다. 어제도, 그제도, 그 전날에도. 어쩌면 내일도, 모레도, 그다음 날도. 아직은 "몰라, 그래도 어제보다 조금 낫겠지!"라고 위로할 뿐이다. 그렇게 서로의 건강을 염려하며, 돌아보니 그나마 긍정적인 요소들이 있어 다행이라 생각한다.

첫째, 주말에 증상이 있었다. 그것도 일요일 저녁에. 그러니 아이와 토요일, 일요일은 즐거운 시간을 보냈다. 무엇보다 약속했던 첫 캠핑을 무사히 마쳤다. 금요일 저녁과 토요일 저녁에 집에서 해본 첫 캠핑은 나 또한 생각보다 신났다. 당연히 아이는 대만족이었다. 나는 이리저리 뒹굴뒹굴하는 아이의 잠버릇에 온열장판에서도 밀려나고(아이에게 자리를 내어주고) 맨바닥에서 얇은 침낭 하나 덮고 잤다. 정작 두꺼운 침낭에서 잔 아이는 덥다고 얇은 이불만 덮고 잤다. 그 결과, 토요일 아침에 약간의 몸살기운이 있었는데, 그 몸으로 방구석 캠핑을 하루 더 했다. 당연히 일요일 아침에 몸살기운도 훨씬 심해졌다.

둘째, 주말에 증상이 있었기에 회사 동료들에게 불편을 주지 않았다. 내가 다니는 회사는 부서 내에 확진자가 발생하면 확진판정을 기준으로 이틀 전까지 함께 근무했던 동료들이 코로나19 신속항원검사를 실시해야 한다. 그리고 확진자와 좌우, 앞뒤, 대각선 위치에 있다면 밀접 접촉자로 분류되어 확진 여부와 관계없이 7일간의 재택근무가 권장된다. 나는 일요일 저녁에 증상이 있었고 월요일에 확진 판정을 받았기에 동료들의 불편은 없었다.

셋째, 가족 확진이었다. 나만 확진되고 아내와 아이는 끝끝내 비확진으로 지나가는 게 최상의 결과일 수도 있지만 아홉 살 남자아이만 '음성'이고 나와 아내가 '양성'이라면 그 또한 난감했을 것이다. 만약 나와 아이는 '양성'이고 아내만 '음성'이라면 그때는 어떻게 해야 했을지 지금 생각해도 딱히 떠오르는 대안이 없다. 검사를 받으면서는 이런 생각도 했다. 내가 양성이면 아내와 아이는 아직 검사 전이니 '어디 주변에 호텔이라도 가야 하는 것은 아닐까?'라고.

넷째, 가족확진이지만 나와 아내만 아팠다. 아이는 무증상이었다. 나와 아내는 멀쩡하고 아이만 아픈 반대의 경우를 생각하면 아찔하다. 아파보니 아이가 무증상으로 지나간 것이 얼마나 다행인지 모르겠다.

다섯째, 다행히 좋은 병원과 좋은 약국을 이용했다. 검사를 받기까지 2시간 정도 대기했지만 의사 선생님은 아주 친절하게 코로나 증상을 설명해 주셨다. 그리고 약사 선생님도 아주 자세하게 전화 문의에 대답해 주셨다. 진료와 치료과정에 있어 불편함이 없었다.

앓을 만큼 앓은 것 같은데 아직 기침이 나고 여전히 머리가 아픈 것은 다소 억울하고 원망스럽다. 그래도 앞서 언급한 다섯 가지의 행운이 따라준 점은 정말 다행이라 생각한다.

참, 이번에 알았다. 코로나 검사결과는 〈코로나19 신속항원검사 양성확인서〉라는 형태로 발급된다는 것을. 그리고 확진 후 지역 보건소에서 문자가 오고 거기에 하나하나 답을 해야 한다는 것도. 또 가족 전체가 확진되었을 경우에도 지자체별로 지원 범위가 다르다는 것을.

예를 들어, 서울은 약국에서 집으로 약을 보내주지만, 대전은 약국에서 집으로 약을 보내줄 퀵서비스를 내가 알아서 신청해서 요금까지 지불해야 했다.

그러나저러나 얼른 나았으면 좋겠다.

어린이날 먼저,
어버이날 다음

나름 보람찬 날들이 이어졌고, 몇몇은 여전히 남아있다. 그중에 어린이날은 지났고, 어버이날은 남았다.

어린이날을 며칠 앞둔 주말, 무엇을 할까, 골똘히 있는데 아이가 말했다.

"아빠, 동물원 가고 싶어!"

아이의 답이 명확하니 부모의 움직임은 간결했다. 아내와 몇 가지 준비물을 챙겨 동물원으로 향하면 됐다. 그러다 문득 작년에 온라인으로 내려받아 뒀던 전국지도 사진을 이리저리 살폈다. 그저 근처 동물원이 아닌 근처의 여행지까지 함께 다녀올 수 있는 곳으로 가고 싶었기 때문이다. 사회적 거리두기도 완화된, 모처럼 맞이하는 주말다운 주말인데. 아쉬움에 이곳저곳을 염두에 두길 오래지 않아 남쪽 바다가 있는 '거제시'로 결정했다.

장소가 결정됐으니 그곳의 동물원을 검색했다. 다행히 거제에서 돌고래를 볼 수 있다고 한다. 하지만 모든 일은 예상대로 순순히 흘러가지 않는다. 출발 직전에 전달받은 급작스러운 회사 일로 거주지를 떠나기 힘들게 됐다. 어쩔 수 없이 너무나도 익숙한, 매번 가는 동물원 겸 놀이공원을 방문하는 것으로 했다.

　아이도 아이지만, 아내와 모처럼 대전을 벗어나고 싶었다. 호텔도 그럴듯한 곳으로 예약하고, 차 안에서 소풍 기분을 낼 먹거리도 준비했는데, 내게 주어진 상황은 그렇지 못했다. 부모의 마음이야 어떻든 아이는 신났다. 다행이다. 아이는 동물원이 가고 싶었던 것이지, 그곳이 남쪽 바다가 있는 '거제시'일 필요까지는 없었기 때문이었다.

　동물원이 있는 놀이공원에 도착했고, 또 가족이벤트에 참여했다. 지난번과 데자뷔처럼 비슷했다. 내가 제기를 3번 이상 차면, 아내가 윷을 던져 걸 이상이 나오면 되고, 그럼 아이가 주사위를 던져 미리 정해둔 홀수 또는 짝수가 나오면 끝나는 게임이었다. 가족이 참여해 가장 짧은 시간에 주어진 미션을 완료하면 됐다. 나도, 아내도, 아이도 최선을 다해 열심히 했다. 결과는 2등! 아이가 한 번에 끝낸 것이 결정적이었다. (미안하지만) 녀석, 우리 팀 핸디캡인 줄 알았는데, 뜻밖의 일등공신이다. 상품은 놀이공원에 가면 다들 하나씩 쓰고 다니는 동물 귀 모양 머리띠. 아이에게 사자 머리띠를 씌워주고, 점심으로 햄버거를 먹었다.

바람은 시원했지만 볕은 조금 따가웠기에 먼저 동물들을 구경했다. 아이는 동물 보는 것을 좋아하지만, 조금 더 정확하게는 양, 낙타, 말 등에게 먹이주기 체험을 좋아한다. 자판기에서 구매한 먹이를 아낌없이 건네며 연신 말한다.

"많이 먹어. 많이 먹어라. 많이 먹어야 해."

아이의 동물사랑에 지폐는 쉴 틈 없이 자판기 속으로 연신 빨려 들어간다. 동물원에 사료비를 보조해달라고 해도 되지 않을까? 하여튼, 작은 손으로 조심조심 먹이를 건네는 모습이 귀엽고 보는 재미, 듣는 재미도 있다. 버드랜드로 장소를 옮겨서는 앵무새 먹이주기 체험까지 마쳤다.

"엄마, 우리 놀이공원에서 놀이기구 탈 시간은 있는 거지?"

먹이를 주면서도 아이는 반복적으로 물었다. 동물원에서 적당한 시간을 보내야 놀이기구를 탈 수 있다는 것을 이미 경험으로 알고 있기 때문이다.

초등학교 저학년치고는 적절하게 시간 배분을 성공적으로 마쳐 모든(?) 동물을 먹여 살리고 사파리 버스에 탑승했다. 이어서 아이가 가장 좋아하는 바이킹도 탔다. 나는 하늘 높이 올라 시원한 바람을 맞으며 뒷줄의 아이에게 말했다.

"아들, 엄마 무서워하면 잘 지켜줘야 해!"
"응, 아빠! 그런데 아빠가 더 무서워하는 것 같은데!"

사실, 그랬다. 아내는 스릴을 즐기고, 아이도 벌써 그걸 즐길 만큼 성장했다. 하지만 최전방 수색대대에서 헬기 낙하까지 문제없이 했던 나는 도무지 적응이 안 된다. 나는 좀처럼 바이킹을 즐길 수 없었던 반면 아이는 아무렇지 않다는 듯, 아내는 공원 벤치에서 멍 때리듯 바이킹에 그저 탑승했다. 마지막은 얼마 전 탑승 제한 키를 넘긴 따끈따끈한 아이의 최애 놀이기구 '범퍼카'를 연이어 여러 번 타고 겨우 집으로 돌아왔다.

"이야, 아들 덕분에 오늘 하루 정말 잘 놀았다."
"아빠, 오늘 너무 재밌었어."

손을 씻으며 훈훈한 체험 후기가 부자 사이에 오갔고, 그렇게 어린이날 같은 주말을 보냈다.

며칠이 지나 아이는 학교에서 만든 카네이션을 가져왔다. 다가올 어버이날 선물이었다. 집에는 작년에 아이가 어버이날 엄마 아빠를 그린 캔버스 액자도 거실 한가운데 세워져 있다.

부모와 자식이라는 이름으로 어린이날과 어버이날을 맞이하는 기분. 그것은 서로가 서로에게 의미 있는 사람이라는 신호다. 그냥 좋다. 그 기분과 그 신호가 전해져서.

어린이날 먼저, 어버이날 다음. 그렇게 하루씩 주고받는다.

체스

"며칠 있으면 체스게임 해야 해!"라고 아내가 과제를 알려주
듯 일정 공지(?)를 한다. 장기는 대충 알지만, 바둑은 전혀 모른
다. 아이와 하는 일상은 늘 새로운데 이번에는 체스다.

"체스 하고 싶다길래 하나 주문했어!"라며. "그런데, 경기 방
법은 알고 있어? 나는 어떻게 하는지 전혀 모르는데"라고 말하
더니 이어 대수롭지 않다는 듯 "책을 보든지 인터넷을 보든지
해서 배우면 되지 뭐. 오빠는 금방 익히잖아. 잘 할 수 있을 거
야. 다 배우면 나한테도 알려줘"라고 보탰다.

며칠 후, 그것이 집에 왔다. 영화에서 봤던 체스보드(판)와 체
스 기물(말)이 도착했다.

서양 장기 정도로 생각하니, 그나마 알 것 같기도 한데, 그래
도 모양이나 명칭이 매우 낯설다. 킹? 퀸? 룩? 비숍? 나이트?

폰? 이름도 낯선데 특히 '폰'이라는 녀석은 장기의 '졸'쯤 되는 것 같은데 이동과 공격이 너무 달랐다.

아빠 체면도 있고 아내와 아이에게도 일러줘야 하니, 설명서를 몇 차례 정독한 뒤, 아이와 게임을 시작했다. 그런데도 도저히 안 되겠다 싶어서 솔직하게 아들에게 '이해가 안 된다'라고 얘기하고, 유튜브에서 '체스게임 하는 법'이라 함께 검색했다. 그리고 반복해서 열심히 시청했다.

그제야 어느 정도 알겠다. 내 나름의 정리를 하자면 체스는 조금 더 큰 그림으로 공격과 수비를 동시에 생각해야 하는 것 같다. 장기의 경우 상대적으로 말의 움직임이 제한돼 있는데, 체스의 기물들은 판 전체를 활보할 수 있다.

어쨌든 앞으로 당분간은 밤마다 아이가 말하겠다. "아빠! 체스게임 한 판 할까?"라고.

완전히 꽂혔다!

　사랑하는 나의 고상한 아내를 위해 조금 더 완전한 단어나 표현을 생각해봤다. 그런데 아무리 생각해도 이보다 적당하지 않다. 동네의 한 부대찌개 가게에 아내는 최근 '완전히 꽂혔다!'

　우리 가족은 신혼 때부터 아이가 아홉 살이 된 지금까지 거의 외식이 없다. 특별한 경우를 제외하면 거의 집밥이다. 손님이 와도 집밥을 먹는 경우가 많다. 외식을 생각하면 '외식? 언제 했었지?'라고 잠시 생각해야 할 정도로 우리에겐 드문 일이었다. 특히 아내는 바깥 음식을 좋아하지도 않지만, 아이가 생기고부터는 더욱 집밥을 먹어야 한다는 생각이 강했다. 하지만 지지난 주부터 매주 금요일 저녁이면 부대찌개 집으로 간다. 심지어 조금 더 빨리 가기 위해 아이의 손을 잡고 퇴근길을 마중 나온 적도 있다. 그 모습이 재밌기도 하고 당황스럽기도 하다.

본인도 부쩍 자주 찾는다는 생각이 강한지, 주중에는 말을 꺼내지 않다가 금요일 저녁이 되면 "오늘, 부대찌개 먹을까?"라고 말한다. 아내의 제안에 집밥을 좋아하는 아이도, 이제 막 퇴근하고 집으로 돌아온 나도 우물쭈물 망설이지 않는다.

"응, 그래!"

그렇게 집을 나선다. 아파트 입구에서 아이의 킥보드를 챙겨 목표 지점, 부대찌개 가게까지 걸어가는 길, 천천히 동네 구경도 한다. 아이는 킥보드를 타다가 걷기를 반복하지만 싫지 않은 표정이다. 그 길에서 나는 아내에게 오늘 회사에서 겪은 일을 애기하고, 아내는 내게 오늘 있었던 아이의 학교생활이나 자신에게 있었던 이런저런 애기들을 보탠다. 그렇게 10여 분이 지나 도착한 부대찌개 가게.

익숙하게 고정자리에 앉아 메뉴판도 펼치지 않고 말한다.

"여기, 부대찌개 3인분 주세요!"

음식이 준비되기까지 아이와 나는, 나와 아내는, 아내와 아이는 다시 또 얘기를 주고받는다. 서로의 말들이 섞여갈 때쯤, "이제 먹어도 될 것 같아!"라는 말과 함께 식사를 시작한다. 아이는 먹는 둥 마는 둥 그저 그렇지만 그래도 엄마가 맛있게 먹는 모습에 덩달아 신이 난다. 나도 열심히, 맛있게 먹고는 있지만 이미 내일 아침에 벌어질 일들이 대충 예상된다.

'아마도 화장실을 적어도 3번은 가겠구나.'

아내의 집밥에 익숙해졌는지, 밖에서 밥을 먹으면, 특히 맵고, 짠 음식을 먹으면 꽤나 속이 불편하다. 그걸 알지만 농담 반 진담 반으로 "내일 또, 화장실을 몇 번 다녀와야겠네!"라고 말하며 부지런히, 맛있게 먹는다. 라면 사리를 하나둘 추가해 가며.

"역시, 맛있어!"

아내는 땀을 뻘뻘 흘리며 뜨거운 국물을 잘도 먹는다. 아이는 중간중간 창밖을 바라본다. "엄마, 앞으로 책을 더 많이 보고 싶으면 녹색을 많이 보라고 했잖아. 그래서 창밖에 보이는 산을 바라보고 있어"라고 말하며 가만히 주변을 살펴본다.

여유롭게 식사를 마치고 킥보드를 탄 아이와 나 그리고 아내는 왔던 방향과는 다른 길에서 산책한다. 킥보드를 타기에도 좋은 길이라 아이는 발을 힘껏 디뎌가며 속도를 더해 씽씽 달린다.

"아빠, 나랑 달리기 시합하자."

저만치 앞선 아이의 외침에 "응, 그래"라고 답하고 있는 힘껏 달려본다. 아이와 달리기 시합을 하고, 그러다 다시 또 뒤에 걸어오는 아내를 기다린다. 다시 아이가 달리면 잠시 따라 달리고, 그러다 아내의 걷는 속도에 맞춰 잠시 쉬어가길 몇 차례 반복한다.

집으로 돌아오는 길, 아이스크림 전문점에 들른다. 각자 좋아하는 아이스크림을 하나씩 고른다. 집으로 돌아와 아이와 나는 씻으며 물놀이를 하고, 그 사이 아내는 거실 중앙에 잠자리를 준비한다.

오늘 하루 마무리는 아이가 최근에 꽂힌 체스게임이 책임진다. 아이와 나, 아이와 아내, 나와 아내의 순으로 게임을 마치면 오늘 하루도 안녕이다. 거실등을 끄며 시계를 보니 9시 50분이다. 오늘 하루도 '우리 가족, 다 같이' 잘 살았다.

고장 난 에어컨과의 한 달

"덥다! 더워!"

불평 아닌 불평이, 고통 아닌 고통의 말이 마구 쏟아진다. 참으려야, 참을 수가 없다. 요즘처럼 푹푹 찌는, 아니 삶기는 무더위에, 잠시만 외출을 해도 땀이 뚝뚝 떨어지는 날씨에, 우리 집 자동차 에어컨이 고장 났다. 어제가 아닌, 그제도 아닌, 무려 지난달에. 그러니 한 달 이상을 에어컨을 사용하지 못했다. 그것도 더위를 보통 사람들보다 열 배, 어쩌면 백 배, 천 배는 더 타는(탄다고 확신하는) 사람인 내가.

최근 몇 달은 출퇴근에도 차가 필요하지 않았다. 집에서 회사까지 걸어서 10여 분 거리니 그동안은 운동도 할 겸 부지런히 걸어 다녔다. 걸으며 마주하는 풍경도 좋았고, 걸으며 느껴보는 시간도 좋았다. 삶의 낭만을 건강하게 가득 느끼는 사이 6월이 시작됐다.

이른 더위가 찾아왔고, 그때부터 자동차로 출퇴근했다. 며칠
은 아무런 문제가 없었는데 어느 순간부터 에어컨이 이상했다.
아무리 온도를 낮춰도 시원하지 않았다. 가동하는 시간이 짧기
에 '고장이다'라고 확신하기보단 '이상한데?' 정도를 느낄 미지
근한 바람만 가득했다. 그러나 어느 순간 확신했다. 고장 났다!
맙소사! 이 여름에!

에어컨 부품이 없어 차일피일 수리 일정은 미뤄졌고, 그렇게
미련한 시간이 시작됐다. 살아야겠기에 나름대로 방법을 모색
했다. 퇴근할 때는 지하주차장에 주차했고, 조금이나마 시원한
기운이 남아있을 때, 볕이 아직 뜨거워지기 전에 출근했다. 꼭,
그리고 반드시. 집에서 회사까지 차로 5분 내외 거리고, 이른
아침에는 차가 그리 많이 다니지 않으니 그보다 더 빨리도 갈
수 있었다. 그러니 그나마 에어컨 고장의 체감도가 낮았다.

문제는 퇴근이었다. 당연히 출근길과 퇴근길의 거리는 같았
지만, 한꺼번에 밀려오는 차량으로 도로가 막혀 차 안에 있는
시간이 길어졌다. 무엇보다 우리 회사는 지하주차장이 없어서
근무시간 내내 홀로 땡볕에 선 차 내부가 점점 달궈졌다. 저녁
6시 넘어 퇴근하는데도 차문을 열 때면 낮 동안 달궈진 뜨거운
공기를 한순간에 느껴야만 했다. 숨 막히는 열기에 재빨리 차
의 모든 창문을 내리고 운전해도 흐르는 땀은 어찌할 수 없었

다. 집에 와서 시원한 물에 샤워하면 더위는 또 금세 잊혔다. 그럭저럭 참을만한 셈이다.

아무리 머리를 굴려도 답이 안 나오는 문제는 따로 있었다. 바로 점심시간이나 외부 회의가 있어 차로 이동을 하거나, 주말 가족끼리 어디를 가야 할 때다. 그나마 팀원들과 함께 이동하는 경우는 팀원들의 차를 타면 되지만, 혼자 볼일을 보거나 출장을 다녀와야 하는데 대중교통으로 가기엔 불편해 불가피하게 내 차를 이용할 수밖에 없는 경우라면 흐르는 땀을, 그 찜찜함을 참아내야 했다. 그리고 주말에 아내와 아이와 동네 도서관을 이용할 때도 도서관까지의 더위를 최대한 이겨내야 했다. 그나마 10여 분 정도의 거리에 있는 도서관에 도착하면 극락의 시원함을 느낄 수 있었기에 이 또한 참을만했다.

이렇게 글을 쓰고 보니, 요즘 같은 무더위에 한 달이라는 짧지 않은 기간을 요령껏 잘 참았고, 잘 버텼다. 잘 이겨냈다. 복합적인 이유로 미뤄진 차의 수리 일정이 조정에 조정을 거쳐 이번 주말에 다시 잡혔다. 계획대로라면 내일 오후에는 에어컨이 짱짱하게 나오는 차를 타고 뜨겁게 달궈진 도로를 신나게 달릴 수 있겠다. 참고, 버텨서, 이겨내며, 주어진 상황에 최선을 다해 요령껏 이런저런 방법을 찾았던 날들이었다.

올해 6월의 대부분과 7월의 절반을 그렇게 보냈다. 고생 끝, 행복 시작을 목전에 두고 있다. 차를 고치고도 당분간은 시원한 에어컨 바람 소리만 들어도 저절로 그날이 생각나 감사하며 살겠다. 뜨거웠던 내 삶의 한 달이. 그때마다 덥다고 말은 하면서도 묵묵히 나와 함께했던 아이와 아내도.

아이는 "아빠, 차가 너무 더워!"라고 하면서도 뒷자리에 앉아 책을 읽었다. 아내는 "오빠, 그래도 탈 만해!"라고 하면서도 옆자리에 앉아 아이스아메리카노를 마셨다. 그때마다 나는 "덥다! 더워!"라고 하면서도 운전석에 앉아 주말이면 어김없이 도서관으로 향했다.

이미, 절반쯤, 풀렸다

"사마귓과의 곤충. 몸의 길이는 7~8cm이며, 누런 갈색 또는
초록색이다. 뒷날개는 반투명이고 검은 갈색의 얼룩무늬가 있다.
앞다리가 낫처럼 구부러져 먹이를 잡기에 편리하다. 8~9월에
나타나서 풀밭에 사는데 한국, 일본, 중국 등지에 분포한다."
—사마귀(표준국어대사전)

토요일 오후부터 월요일 오전까지 2박 3일에 걸쳐 경남 사천
으로 친구 가족과 여름휴가를 다녀왔다. 아이는 신나게, 즐겁
게, 재밌게, 잘 놀았다. 딱 한 가지만 제외하면.

일요일 저녁, 함께 여행을 갔던 친구는 사마귀 새끼, 아이 표
현으로는 '아귀(아기 사마귀의 줄임말)'를 발견했다. 요즘 아이는
곤충 중에서도 사마귀를 정말 좋아한다. 아이를 키우기 전에는
몰랐는데, 그 또래 남자아이들이 사마귀를 좋아한다고 한다.
사마귀 사육장도 있고, 먹이도 따로 판다고 한다. 시골에서 나

고 자란 나로서는 이해가 되지 않지만.

　하여튼 아이는 신이 났다. 사마귀 출몰 소식에 이미 잔뜩 흥분한 듯 쫓아왔고, 친구는 그 모습에 사마귀를 잡아서 아이에게 건넸다. 아내는 척하면 척이다. 아이에게 플라스틱 커피통을 건넸고 아이는 여행의 재미를 이제야 찾은 듯 환한 얼굴로 통 안에 사마귀를 넣어주고 밤새 안녕을 빌었다. 숨은 쉬어야 하니 입구의 커다란 구멍은 둘둘 만 화장지로 적당히 막아놓았다.

　다음 날 아침, 우리 가족을 포함한 모든 일행은 분주하게 돌아갈 짐을 챙겼고, 하루 묵었던 방도 깨끗이 정리했다. 서로의 역할을 딱히 구분한 것은 아니지만 각자 할 수 있는 일들을 알아서 착착착 진행했다. 그렇게 휴가의 흔적을 지워 가는데 아이가 내게 살짝 다가와 심각한 표정으로 속삭인다.

　"아빠, 그런데 아귀는? 아기 사마귀는 어디 갔어?"

　아, 불안하다. 느낌이 싸하다. 지난밤에 숙박지 한쪽에 잘 보관해 뒀는데, 없다는 말이다. 그게 가긴 어딜 가겠는가. 없다니, 없어질 이유가 없는데 없어졌다면 나쁜 징조다. 서둘러 확인했다. 아쉽게도 사마귀는 '통'째로 없어졌다. 우리에게 그것은 통보다는 사마귀였지만, 나머지 일행은 사마귀에 관해서는 까맣게 잊고 플라스틱 쓰레기라고 안을 확인할 필요도 없이 휙! 버렸겠다. 아마도 사마귀의 탈출 방지를 위해 대충 뭉쳐서 틀어막은 휴지 때문에 더 쓰레기처럼 보였겠다.

아이는 주루룩 눈물을 흘리기 시작했다. 어제 아기 사마귀를 발견했을 때의 기쁨, 그새 쌓았을 여행지에서의 우정, 모두 이제 안녕이겠다. 아이는 울고, 나는 그 모습에 마음이 아팠다.

"아들, 우리 집에 가면 산책길에 사마귀가 있나 확인해보자."

아이는 주룩주룩 눈물을 흘리며 말없이 고개를 끄덕였다. 대전에 도착해서는 여행의 피로를 풀 겨를도 없이 저녁밥을 먹자마자 서둘러 풀이 무성한 산책길로 나섰다. 아이는 채집통을 들고, 나는 손전등으로 변신한 핸드폰을 들고, 아내는 부지런히 두리번거리며 사마귀 탐험에 나섰다.

사실, 큰 기대는 없었다. 물론 유심히 본 적도 없었지만 무수히 다닌 그 길에서 우리 가족은 이제껏 사마귀를 본 적은 정말 단한 번도 없었다. 설령 사마귀가 있다고 한들 '나 잡아가라'라며 나타날 이유도 없었다. 곤충, 특히 밤에 곤충들은 사람의 인기척에 예민하다.

그렇지만 그걸로 아이를 달랬으니, 약속은 약속이니. 어둠 속에서 꽤 오래 찾아 헤맸다. 예상은 했지만 사마귀는 없었다. 다만, 팥중이(메뚜기 비슷하게 생겼는데 '콩중이'인지 '팥중이'인지 구분하지 못하니 그냥 '팥중이'라 한다) 한 마리는 발견했다. 나는 아내와 아이와 함께 힘을 합쳐 한마음 한뜻으로 어렵게, 어렵게 팥중이를 잡았다. 통의 뚜껑으로 기습하듯 팥중이를 덮쳐 붙들어 놓고, 내가 손바닥으로 뚜껑 양옆을 막은 다음 살짝 들면, 아내가 채집통 밑부분을 슬쩍 밀어 넣듯 순식간에 뚜껑과 결합시켰다.

이게 어디냐며, 팔짝팔짝 뛰는 팥중이를 잡아 아이에게 건네니, 아이는 예상과 달리 시무룩하게 답한다.

"아빠, 이건 그냥 풀어주자. 이건 해충이야."

해충인지, 익충인지는 모르지만 꿩 대신 닭이라고, 절대 없을 것 같은 사마귀 대신 팥중이라도 잡아서 아이도 달래고 집에도 가고 싶었는데, 다 물거품이다. 아이가 놓아주자니 어쩔 수 없다. 그 후로도 한참을 찾았지만 사마귀는 없었다.

하지만 집으로 돌아오며 생각했다. 서운했던 아이 마음은 집을 나설 때 '이미, 절반쯤, 풀렸다'라고. 산책길에서 마주한 계단길,

아이는 내 손을 꼭 잡았고, 작은 손은 꽤나 따뜻했다. 어쩌면 아이도 반드시 사마귀를 잡아야겠다는 생각보다 엄마, 아빠와 함께 자신이 좋아하는 일(사마귀 채집)을 하는 것, 그 자체가 더 신나고, 더 즐겁고, 더 행복하다, 생각하는 것은 아닐까. 애써주는 그 마음이 고마웠던 것 아닐까.

가족사진의 완성

"모두, 웃으세요. 자, 아버님! 웃으세요!"

　간절한 요청에도 나는 그렇게 쉽게 웃을 수 없다. 매년 아이 생일을 앞두고 펼쳐지는 연례행사지만 영 어색하다. 그것도 아주 많이. 항상 어정쩡한 표정이다. 웃는 것도, 웃지 않는 것도 아닌 딱 그만큼의 얼굴이다. 입꼬리는 살짝 올라간 듯한데, 눈은 살짝 긴장한 듯하다. 몇 번을 노력해보지만, 역시 올해도 도저히 안 되겠다 싶어 고백하고 당부한다.

"저는 그냥 안 웃는 게 더 자연스러운 것 같아요."

　그제야 마음이 한결 편안하다. 나와 달리 아내는 너무나 자연스럽게 미소가 떠나질 않는다. 아내의 웃는 얼굴이야 이미 예상하고 있었다. 반대편의 아이를 쳐다본다. 낯을 가리는 아이는 나와 비슷하겠다. 그런데 웬걸. 예상과 달리 아이도 너무나 천진한 표정으로 잘도 웃는다. 어쩌면 아내보다 더. 배시시. 배시시. 가족사진인데 나만 표정이 자연스럽지 않다.

'그냥 다들 진지한 표정으로 찍으면 안 되나?'

가족사진이라고 항상 활짝 웃는 얼굴로 찍을 필요는 없을 것 같은데. 많이 아쉽고 조금은 불만이다. 이유야 어쨌든 나름 최선을 다해 이런저런 표정을 지어본다. 물론 내 얼굴을 바라보고 있는 사진사가 보기에는 별다른 변화가 없겠지만. 그렇게 30여 분에 걸쳐 다양한 배경에 이런저런 동작을 취하며 가족사진을 찍는다.

다음은 개인 프로필 사진 촬영이다. 며칠 전 아내가 제안했다.

"이번에 가족사진 찍을 때, 프로필 사진도 하나 찍는 건 어때? 언론사에 기고문 같은 것 보낼 때, 딱딱한 증명사진 말고 자연스러운 프로필 사진을 보내면 좋을 것 같아."

듣고 보니 설득력이 있다. 요즘은 기자들도 다양한 표정에 세련된 포즈를 취한 사진을 자신의 기사와 함께 신문에 싣는다. 평소 그 표정과 그 느낌이 좋다고 생각했었다. 고백하자면 실은 나도 꽤나 오래전부터 '증명사진 말고, 프로필 사진 한 장 찍어 둬야겠다'라고 생각하고 있었다. 기고도 그렇지만 강의를 하게 된다면 강사소개에 프로필 사진을 넣으면 좋을 것 같았다. 그리고 현재 사용하는 증명사진은 10년이 넘은, 당시 여권을 만든다고 찍었던 사진이다.

세월이 흐르면 그만큼의 부자연스러운 느낌이 어딘지 사진에 묻어나는 것 같다. 사진은 그 자체로 시간을 담고 있다. 증명사진을 다시 보니, 나는 현재를 살아가지만 사진 속 남자는 낡은 사람 같다.

'그래, 조금 더 역동적인, 적극적인, 부드러운, 자연스러운 사진이 있으면 좋겠지? 유명인은 아니지만 아무래도 종종 쓸 일은 있으니.'

절실한 필요와 달리 포즈와 표정은 영 헐렁하다. 누가 봐도 어색한 초보처럼, 경직된 얼굴로 다시 카메라 앞에 선다. 아내와 아들까지 지켜보고 있으니 더 부끄럽다. 안 되겠다 싶었던지, 사진사는 다양한 콘셉트의 모델 사진들을 하나둘 보여준다.

"이런 포즈를, 이런 느낌으로! 하고 싶은 것이나 조금 자연스러운 것을 골라서 마음껏 해보세요! 잘 하고 계세요! 조금만 더 해볼게요!"

눈이 있으니, 귀도 있으니 무슨 말인지는 알겠다. 그런데 그게 말처럼 되나! 눈으로 보고 머리로 그린 그것들을 몸으로 전달할 능력은 절대적으로 부족하다. 우스꽝스럽고 힘겨운 모델 따라 하기가 드디어 끝이 났다. 그런데.

"혹시 더 찍고 싶은, 그러니까 생각해 둔 포즈나 뭐 이런 것 있으면 얘기하세요!"

사진사의 말에 아내가 신났다. 벌떡 일어나 뚜벅뚜벅 걸어온다. 열성 학부모처럼 직접 포즈를 취하며 내게 주문한다.

"왜 그거 있잖아. 의자에 앉아서 눈을 살짝 위로 치켜뜨는 포즈. 잡지에서 영화배우들이나 모델들이 자주 하는. 이거! 이거! 이런 느낌! 해봐, 잘 어울릴 거 같아."

옆에서 사진사가 고개를 끄덕인다. 대충 어떤 느낌과 어떤 자세를 말하는지는 알겠다. 그런데 그걸 내가 하라고? 확신 없는 표정으로 꿈의 포즈를 몸으로 옮겨 본다.

"네. 좋아요. 좋아. 네. 좋아요. 좋아!"

직업정신이겠지만 사진사는 연신 좋단다. 끊임없이 셔터를 누른다. 여느 회의보다 어려웠던 모든 촬영이 끝났다. 키득거리던 아이는 어느새 지쳤다. 아내와 나란히 앉아 사진을 고른다. 수많은 사진들 중에 가족사진 한 장, 프로필 사진 두 장. 이렇게 딱 세 장만. 마음에 든다. 다행히 아내와 내 생각은 대부분 비슷하고 마지막 선택은 같다.

힘든 순간은 뒤로 지나갔으니, 어느새 추억만 남는다. 사진관을 나서며 내년에도, 어쩌면 그전에라도 가족사진을 자주, 무엇보다 많이 찍어둬야겠다고 생각한다. 아내의 미소를, 아이의 웃음을 더 많이 간직하고 싶으니.

큰 놈이, 어쩌면 큰 놈만, 살아남지 않을까?

"오늘은 후레쉬 챙겨 가자!"
"응, 아빠!"

막상 후레쉬가 어디에 있는지, 생각이 날 듯 말 듯 하다.

"텔레비전 옆에 있는 상자에서 본 것 같은데"라고 말하며 아내가 상자를 뒤적인다. 그 모습을 조용히 지켜보고 있는데 아내가 다소 답답하다는 듯 이어 말한다.

"가만히 있지 말고 다른 상자 찾아봐."

잠시 후, 머릿속에 있던 그 후레쉬를 찾았다. (다행히, 내가!) 아무래도 좋을 아이는 신이 난 듯 외쳤다.

"아빠, 내가 후레쉬 들고 갈 거니까, 아빠는 채집망, 채집통 챙겨."

집을 나서 며칠 전, 귀뚜라미 열댓 마리를 잡았던 집 주변 산
책길로 향한다. 이유가 있다. 지난주 아이가 영주에서 데려온
'사마귀', 아이가 '키위 색깔'이라고 '키위'란 이름을 붙여준 사마
귀를 위한 출정식이다.

그날, 한 건의 제보가 있었다. 본인은 싫어하지만, 어린 조카
가 사마귀를 좋아한다는 사실을 알고 있는 작은고모가 2층으
로 가는 계단 장독대의 녀석을 발견하고 소리를 질렀다.

"사마귀다!"

아직 곤히 자던 아이는 벌떡 일어나, 마당을 달려 2층까지 단
숨에 올라가 계단 한편의 장독대까지 내달려 마침내 녀석을 생
포했다. 물론 이 또한, 정확히는 함께 달린 내가 잡았다. 아이
는 그저 사마귀를 좋아하지 않는 아빠가 최선을 다해 사마귀를
잡을 때 곁에서 힘껏 응원할 뿐이다. 그때까지만 해도 대전까지
데리고 올 줄을 꿈에도 몰랐다. 단지, 할머니집에서 사마귀를
관찰하는 정도로 짐작했다.

그런데, 그 사마귀는 우리 집까지 차를 타고 함께 왔다. 살아

있는 생명이니 먹이를 주고 잘 키워야 했다. 사마귀는 '사냥꾼'이라는 별명답게 살아있는 먹잇감을 좋아한다. 이에 3~4일 전쯤, 아이와 아내가 사마귀에게 먹이를 주겠다는 강한 의지로 동네 운동장에 갔고, 채집망도 없이 방아깨비를 잡았다. 아내는 나보다 훨씬 더 곤충을 잡아본 적은커녕 좋아하지도 않지만 '엄마'라는 이름으로 항상 앞장섰다. 정말 본성을 거스르는 위대한 모정이다.

그렇게 잡아 온 먹이를 채집통에 넣어주면 사마귀는 사냥을 시작한다. 제 몸보다 큰 방아깨비를 이리저리 공격하더니 마침내 승리했고, 이후 야금야금 먹기 시작했다. 경악스럽지만 이 또한 자연의 한 부분이고 먹이사슬이니 시선을 두지 않는 정도로 현실을 받아들인다. 문제는, 사마귀가 살아있는 동안에는 먹이가 끊임없이 필요하다는 점이다. 누군가, 즉 아내나 나는 그 먹이들을 꾸준히 구해 와야 한다. 우리 부부는 매일 힐링을 위해 걷던 산책길을 어슬렁거리기 시작했다. 다행히 귀뚜라미를 꽤나 넉넉하게 잡았다. 아내는 귀뚜라미가 귀뚤귀뚤 우는 소리가 저렇게 구슬프긴 처음이라며 베란다로 치우고 문을 닫자고 내게 명했다.

다음 날, 아침에 살펴보니 큰 녀석 한 마리를 제외하고 나머지는 모두 사라졌다. 사마귀는 제법 배가 불러 보였고, 아마도 밤새 씹고, 뜯고, 맛보는 과정을 반복했을 것이라 짐작했다. '어떻게 이렇게 많이 먹지?' 출근을 하며 생각했다. '오늘 저녁에, 다시 또, 사마귀 먹이사냥이 필요하겠구나'라고. 그리고 예상대로 퇴근 후, 반려곤충을 위한 먹이사냥에 나섰다.

'뭐라도 잡아야 할 텐데.'

다행히 작은 귀뚜라미를 시작으로, 여치에, 큰 방아깨비까지 있다. 내가 채집망으로 잡으면, 아이는 후레쉬를 비춰 위치를 확인하고, 아내는 채집통 뚜껑을 살짝 열어 채집을 준비한다. 그러면 마지막으로 내가 다시 잡은 녀석을 채집통으로 후다닥 옮긴다. 이런 과정을 반복한다. 30여 분의 산책길, 가득 찬 채집통에 아이는 대만족이다. 집으로 돌아와 사마귀가 있는 채집통으로 귀뚜라미, 여치, 방아깨비를 하나, 둘 넣어준다. 가만 보니, 이틀 전에 잡았던 큰 귀뚜라미는 여전히 살아있다. 사마귀와 나란히 같은 공간을 공유하면서. 그것도 제법 여유롭게. 아내에게 그 모습을 전하니 아내가 답한다.

"역시, 어딜 가나, 큰 놈은 살아남는구나. 곤충들도 덩치가 크면 함부로 못 하는 거야."

또래보다 체구가 작은 아이가 늘 마음에 걸리는 아내를 알고 있기에 그저 그냥 들리지는 않는다. 그래, 맞는 말이다. 곤충만 그럴까 싶다. 그러면 안 되겠지만, 사람 사는 세상도 큰 놈이, 어쩌면 큰 놈만, 살아남지 않을까? 그러면 안 되겠지만, 부모 된 욕심에 아이를 크게 잘 키우고 싶다. 작은 놈도 두루 포용하는 큰 마음도 가진 진짜 큰 녀석으로.

추석 연휴,
4박 5일

    돌아보니, 바삐 지났다. 아니 지냈다. 추석 연휴, 4박 5일. 아이의 할머니, 작은고모가 있는 경북 영주를 다녀왔다. 목요일 저녁, 예정에 없던 이동을 시작했다. 계획대로라면 금요일 오전에 출발해야 했다. 하지만 연휴 동안, 특히 금요일 오전에 정체가 시작될 것이라는 언론 보도가 많았다. 퇴근해서 저녁을 먹고 다음 날 아침까지 딱히 해야 할 것도 없었다. 그래도 집에서 쉬려는데, 아내가 "언제라도 출발할 수 있도록 우리는 이미 준비 다 했어"라고 말했다.

    나만 준비하면 된다는 말이었다. 나야, 고향집으로 가는 것이니 별달리 필요한 것은 없었다. 영주집에서 큰집에 가거나 누구를 만날 계획은 없었다. 차례를 지낼 때 입을 옷 한 벌이면 충분했다. 짧은 고민 끝에 간단한 짐을 챙겨 집을 나섰다. 8시가 조금 지난 시간, 다행히 도로는 적당히 붐볐다. 추석 연휴라기보다 여느 주말 저녁 같았다. 중간에 휴게소에 잠시 들렸고 부지런히 달려 적당한 시간에 고향집에 도착했다. 아이의 할머니, 작은고모와 간단한 인사를 나누고, 우리 가족은 2층으로 올라갔다. 원래 2층은 아이의 작은고모가 사용하는 공간이다. 대충 짐을 정리하고 얼른 씻고 잠을 잤다.

금요일 아침, 느지막이 일어났다. 아이와 아내는 피곤한 듯 곤히 자고 있었다. 몇 권의 책을 챙겨 작은방 소파에 앉아, 아니 누워 책을 읽었다. 작은 창으로 드나든 조그만 바람은 꽤나 시원했고, 덕분에 마음도 상쾌해졌다. 오후에는 아이의 할머니와 아내가 차례상에 올릴 전을 부치기 시작했다. 이글거리는 불판 위에 삼색전, 배추전, 버섯전, 가지전 등등 이런저런 전들이 쉴 새 없이 오르내렸다. 몇 시간이 지나서야 어느 정도 전 부치기가 마무리됐다.

아내와 둘이서 고향 친구 가족을 만나기 위해 외출했다. '본다', '보자' 하며 그동안 볼 수 없었던 친구 가족이었기에 유쾌한 시간을 즐겼다. 저녁에는 아이의 큰아빠와 큰고모, 사촌형, 사촌누나가 함께했다. 아이의 큰아빠가 '특별히' 준비했다는 용돈 벌기 게임은 지금 생각해도 재밌었다. 덕분에 온 가족이 즐겁고, 신나는 시간을 보냈다. 아이도 적극적으로 게임에 참여했고, 노력의 결과로 두둑한 용돈도 챙길 수 있었다.

추석날 아침에는 당연히 차례상이 차려졌다. 아이의 할아버지만을 위한 차례상이었기에 그가 좋아했던 음식들이 가득했다. 예전에, 습관처럼 때가 되면 차례를 지낼 때는 몰랐다. 하지만 내 아버지의 차례를 지내려니 이런저런 추억들이 머물다 사라졌고, 사라졌다 머물렀다.

　오후에는 나의 외할아버지 산소를 다녀왔다. 길이 무척 험한 곳이다. 아이의 할머니, 큰아빠, 나, 아내, 아이까지 다섯 명이 나섰다. 굽이굽이 시골길을 지나 논길을 걸었고, 진흙이 가득한 산길을 올랐다. 벌이 윙윙 날았고, 모기가 이리저리 먹이를 찾아다녔다. 산소 앞에 준비해 간 음식들을 차렸고, 몇 잔의 술도 올렸다. 돌아오는 길, 아직은 여물지 않은 밤도 몇 송이 땄다. 조심조심했지만 아이와 함께 둘이서 진흙에 미끄러져 넘어지기도 했다.

　추석 다음 날 아침, 이제는 익숙한 듯 늦잠을 자다 일어나 챙겨간 책을 읽었다. 아침 겸 점심을 먹었고 아이의 할머니와 아이, 아내와 인근에 있는 '무섬 외나무다리'를 다녀왔다. 외나무다리는 방문객들로 넘쳐났지만 아이는 즐거워했다. 물에 발을 담가 보기도, 모래로 작은 성을 쌓아보기도 했다. 나는 아이의 할머니와 몇 장의 사진도 남겼다.

저녁에는 치킨을 시켰다. 할머니집에 오면 아이가 먹을 것이 마땅치 않을뿐더러 할머니 신경 쓰이신다고 아내가 꼭 치킨을 주문한다. 프랜차이즈지만 아이가 좋아하는 브랜드 치킨의 영주점은 맛이 괜찮다. 아이 덕분에 모두 잘 먹었다.

대체공휴일인 월요일 아침, 이번에도 느지막이 밥을 먹었다. 이곳저곳에 흩어졌던 짐들을 챙겼고, 아이의 할머니는 호박, 달걀, 배 등을 가져가라며 잔뜩 꺼내 놓았다. 대전으로 돌아오는 길은 여느 한산한 주말 같았다. 휴게소는 사람들로 붐볐지만 도로는 별다른 정체가 없었다. 집에 도착해서는 저녁에, 아이가 좋아하는 게임을 했고, 오래지 않아 잠자리에 들었다.

추석 연휴, 4박 5일이었다.

문학관 그리고 바다

　이번 주말에는 뭐할까, 고민하다가 두 개 단어를 검색창에 넣었다. 토요일 오전에는 '문학관'을, 일요일 오후에는 '바다'를 찾아봤다. 그러다 논산 〈강경산소금문학관〉을 알게 됐다.

　사실 우리 가족은 문학관을 좋아한다. 대전 근교에도 제법 많은 문학관이 있다. 옥천의 〈정지용문학관〉, 전주의 〈최명희문학관〉, 공주의 〈공주풀꽃문학관(나태주 시인의 문학관)〉, 논산의 〈김홍신문학관〉. 그동안 몇 차례 방문했다. 멀게는 보성의 〈태백산맥문학관(조정래 작가의 문학관)〉, 통영의 〈박경리기념관〉까지 문학관이라면 일부러라도 길을 돌고 돌아 꼭 한번 가봤다. 전국 이곳저곳을 여행 다니며, 문학관이 있다면 빼놓지 않고 찾아갔다. 책을 읽는 것도, 책을 보는 것도, 거기에 작가의 삶을 잠시 엿보는 것까지도 우리 부부는 좋아한다.

　그런데 이곳의 존재는 이번에 처음 알았다. '이건 또 무슨 문학관이지? '강경산'이라는 작가도 있었나? 아니면 '소금'이 소재가 된 책들만 모아 놓았나? 그렇다 해도 어떻게 '강경산문학관'이나 '소금문학관'이라 하지 않았을까?' 이름만으로도 어떤 곳인지 호기심을 자아내는 곳이었다.

알고 보니 〈강경산소금문학관〉은 유명해야 하는 곳이었다. 박범신 작가의 문학관이니 말이다. 문학관 이름에 '소금'이라는 단어가 들어간 것은 작가의 최신작 중에 〈소금〉이라는 장편소설이 있었기 때문이었고, 그 이름에 걸맞게 문학관에 들어서면 '달고 시고 쓰고 짜다 인생의 맛이 그런 거지'라는 글귀가 있었다. 이번 여행에서는 걸어보지 못했지만 문학관 앞에 길게 늘어선 한적한 산책길도 좋아 보였다. 이번에는 '기회가 된다면 꼭 한번 걸어봐야지'라는 마음만 남겨두고 돌아섰다.

일요일 오후 3시. 조금 애매한 시간이다. 어딘가를 다시 이동하기에는. 그래도 아쉬운 마음에 차에 올라 휴대폰으로 인터넷에 접속했고 '논산 주변 바다'를 검색했다. 이번에는 아이와의 약속을 지키고 싶었다. 지난주와 지지난주에, 그리고 지지지난주에도 아이에게 "아들, 아빠가 하는 일이 조금 여유가 생기면 주말에 바다 보러 가자"라고 말했지만 번번이 지키지 못했다.

약속을 지키지 못한 사연이야 있지만, 솔직히 그냥 핑계다 싶다. 어쨌든 집을 나선 김에 이 문제까지 해결하고 싶었다.

자주 가는 태안의 만리포해수욕장으로 갈까, 아니면 조금 더 가까이에 있는 보령의 대천해수욕장으로 갈까 잠시 고민했다. 그런데 출발지가 대전이 아닌 논산이었기에 생각보다 도착지들이 거리가 꽤 있었다. 어쩌나, 그냥 집에 가야 하나 싶던 찰나, 순간 '새만금'이라는 단어가 스쳤다. 군산의 새만금이라면 모래가 가득한 해수욕장은 아니지만 '바다'라는 목적지가 주는 대표성을 충족시키기엔 괜찮을 것 같았다. 뉴스를 통해 얼핏 봤던 기억으로는 바다 한가운데 '뻥' 뚫린 도로가 있어 가슴까지 흠뻑 바다를 머금을 수 있겠다 생각했다. 그렇게 새만금으로 목적지를 정했고 1시간 이상을 정신없이 달렸다.

도착하니 일몰까지는 아니지만 바다에는 어둠이 내리기 시작했고, 바람은 제법 겨울 같았다. '감기에 걸리지 않을까?'라고 생각하는데 아내와 아이는 '바다', 그 자체에 신이 난 얼굴이었다. 낚시를 하는 가족들, 사진을 찍는 연인들을 바라봤고, 우리 가족도 잠시 바다와 함께했다. 그저 바라만 봐도, 그저 돌멩이 몇 개만 던져도 즐거웠다. 더 어두워지기 전에 집으로 돌아가야 한다는 생각에 아쉬움을 가득 안고 휴게소에 들렀다. 바닷바람 맞으며 따뜻한 라면을 후후 불어가며 먹었다. 역시 야외에서 먹는 라면은 꿀맛이다.

어둠으로 가득한 고속도로를 달리며 잠시 생각했다. 몸은 세상 더없이 피곤한데, 마음은 세상 더없이 여유롭구나. 그러니, 이렇게 사는 것도 나름 좋구나. 그러니, 행복하구나.

소원이 많더라

 불멸의 소원 no.1은 역시 로또 1등과 무병장수다. 시즌 소원
으로는 수능대박이 있다.

 볕이 좋은 주말, 공주에 있는 마곡사를 다녀왔다. 봄에는 동
학사, 가을엔 마곡사라고 할 정도로 가을의 마곡사는 아름다
워 산책하기에 정말 좋은 장소다. 집에서 1시간 내외 거리였고,
가는 길, 오는 길도 익숙했다. 고속도로를 달리는 기분은 좋았
고, 그 길에서 아내와 나누는 작은 얘기들도 좋았다. 주차장을
앞두고 정체가 시작됐지만 그 또한 "뭐, 이러다 조금만 있으면
괜찮을 거야"라고 말하며 기다릴 수 있었다. 이제 아이도 제법
커서일까? 내 앞에서 줄어들지 않는 차들을 보며, 또 때로는
이리저리 엉킨 차들을 보며, 그러다 자신의 차례를 지키지 않고
앞지르기를 시도하는 차를 보면서도 그저, 그냥 그러려니 하는
여유가 생겼다.

 다행히 내 생각처럼 고작 10분 지체됐다. 지루하게 기다리며

뭔가 손해 본 것 같은 느낌은 느낌일 뿐 10분 지연됐을 뿐이다. 주차를 마치고 아내와 아이의 손을 잡았다. 사찰 입구로 향하는 길가의 음식점들은 이미 손님들로 가득했다. 계획대로라면 간단하게라도 밥을 먹어야 했지만, 음식점 입구에 선 사장님과는 서로 눈도 마주치지 못한 채 "많이 기다리셔야 합니다"라는 말만 들었고, 그 곁에는 기다림에 지친 얼굴들이 가득했다. 다들 배는 너무 고픈데 밥은 못 먹는 상황이었다. 지난 몇 년간 몇 차례 다녀갔던 사찰이기에 대부분 익숙했다. 우리 가족도 주린 배를 조금 더 움켜잡고 산책을 먼저 하기로 했다.

사찰로 향하는 길은 붉게, 그리고 노랗게 물든 나무들이 많았다. 길가에 늘어선 나무도, 그 아래서 산나물, 밤, 약초 등을 팔고 있는 할머니들의 모습도 정겹다. 계절을 떠나보내기 아쉬워하는 마음을 가득 담아, 조금이라도 가까이에서 가을을 보고자 했다. 잠시 가던 길을 멈췄고, 살폈다. 단풍을 그리고 나를. 거기에 아내와 아이까지. 그 마음으로 오래지 않아 사찰 입구에 도착했다. 조금 걸어볼 생각에 평소에 다니던 길에 더해, 특별히 개방된 듯한 공간들도 잠시 둘러봤다. 그림 솜씨가 좋은 불자님의 그림을 잠시 감상하기도 했고, 익숙한 길의 너머에 있는 구름다리를 잠시 걸어보기도 했고, 작은 암자가 있는 길을 따라 잠시 산길을 오르내리기도 했다. 천주교 신자인 아내는 부처님께 혼자만의 간절한 마음을 전했다. 아이와 나는 사찰의 작은 것들을 부지런히 살폈고, 아이는 그러다가 바닥의 작은 돌멩이 8개를 챙겼다.

"아빠, 그런데 엄마는 부처님께 뭘 얘기하는 거야? 소원을 비는 거야?"

"응, 엄마가 엄청 진지하게 소원을 말하는 거야. 어쩌면 엄마의 마음이 전해져 부처님이 우리 가족 대표로 엄마 소원을 들어줄지도 몰라. 엄마가 잘되면 우리도 좋은 거니까 엄마 소원을 응원해주자."

정말 아내의 소원은 나의 소원이기도 하다. 아이의 바람은 부모의 바람이기도 하다. 서로가 간절한 마음으로 응원하고 곁을 지키고 있다. 사찰 방문 전에도, 후에도. 아내와 나는 사찰을 방문할 때마다 '소원이 참 많네'라고 말한다. 그렇다, 비단 아내에게만 소원이 있을까? 사찰의 낮은 담벼락 밑에는 작은 돌들을 하나둘 쌓아 올린 조그만 탑들이 가득하다. 사람들의 무수한 염원 옆에 소원이 담기지 않은 아이의 작은 돌탑이 하나 있다. 아이에게 돌탑은 염원이 아닌 작은 놀이다. 소원에 대한 바람은 여러 가지 형식으로 그 간절함을 표현한다. 대웅전 앞에 있는 작은 탑의 경계에는 금빛 하트가 물결을 치듯 바람에 살랑거린다. 사람들의 소원 종이다. 법당 안에는 초, 등, 공양미가 가득하다. 이곳저곳, 여기저기, 이런저런, 소원이 참 많다. 그 소원들 또한 차근차근 이뤄졌으면. 단, 소원의 주인이 주어진 삶을 성실히 살아가는 마음이 따뜻한 자라면. 그 소원 나도 함께 빌어준다.

평생을 함께할 사람

눈물이 났다. 문득 떠오른 '평생'이라는 말에. 지금껏 수없이 사용한 말이었지만 얼마 전부터 나에게 '평생'이라는 말은 남다른 말이 됐다. 그게 슬펐다. 그래서 울었다.

글을 쓰는 지금보다 1년 전 즈음, 나의 아버지가 세상을 떠나셨다. 내 삶의 영역에서 '평생'이라는 이름으로 곁을 내줬던 소중한 사람. 내 부모, 나의 아버지. 아주 작디작은, 그 조그만 시간이라도 더 오래, 더 함께하고 싶었지만 아버지는 그 시간을 힘겹게 힘겹게 이어가다 더는 버틸 수 없다는 듯, 시간이 다 되었다는 듯 어느 날 내게서 떠났다. 눈을 곱게 감은 평온한 얼굴로, 내게 마지막 따뜻한 체온을 전해주고 그렇게 가셨다. 며칠 전, 10월이 끝나고 아버지가 없는 첫 11월에 진입하며 그런 생각이 났다.

'아… 11월이 다가오는구나.'

작년 이맘때는 아버지가 곁에 없을 수 있다는 생각조차 못했는데, 11월 어느 날 내게 별안간 일어난 사고처럼 아버지는 삶을 다하셨다. 그런 생각을 하는 동안 어떤 장면장면과 생각들이 내 머릿속을 스치기도, 잠시 머물기도 했다. 짧지만 강렬했던 그날에 내가 경험하고 느꼈던 것들이.

지금 돌아보니 태어나서 '평생을 함께할 사람'은 누구였을까? 남은 삶에서 '평생'을 함께할 사람은 누구일까? 누가 그럴 가능성 또는 기대감이 가장 큰 사람일까? 나를 낳고, 기른 아버지와 어머니일까? 이미 아버지는 내게서 떠나갔으니 '그날' 이후의 내 삶을 함께하지 못하고 있으시다. 그러니 아버지는 아니다. 그럼, 어머니일까? 오래지 않은 '어느 날', 어머니도 내 곁을 떠나갈 것이라 생각하니 어머니도 아니다. 나와는 서른 살의 나이 차가 있으니 자연의 순리를 따른다면 내 남은 삶을 어머니와 모두 함께하지는 못할 것이다. 이제, 몇 사람이 남았다. 나의 누나들과 형. 그중에 큰누나는 내 남은 삶을 끝까지 함께할 수 있을까? 반대로 생각하니 누나는 지금까지 내 삶을, 지난 내 삶을, 지켜본 사람 중 한 명이다. 내가 태어난 순간, 그 시간, 그 공간은 함께하지 못했더라도 그날부터 지금까지 나와 혈육의 연을 맺고 있는 사람이니. 다섯 살 차이가 나는 작은누나도, 세 살 차이가 나는 형도 그와 같겠다. 그런데, 지금까지의 삶은 함께했다 하더라도 '평생'이라는 말은 대략 어렵겠다. 이 또한 삶의 순리를 생각한다면 큰누나도, 작은누나도, 형도 나와 평생을 함께하진 못하겠다.

　이제, '둘' 남았다. 아내가 있겠고, 아이가 있겠다. 아내와는 서로 다른 환경에서 나고, 자라, 내 나이 스물다섯에 처음 만났다. 그러니 어느덧 이십 년을 함께했다. 내가 어머니와 함께한 사십여 년보다 더 밀도 있는 시간들로 꽉 채워. 스물다섯 전의 삶을 함께할 수는 없었지만 그 이후의 삶, 그것의 대부분, 어쩌면 전부를 아내와 함께했다. 그러니 '평생'이라는 말에 지나온 삶을 제외하고, 남은 삶만을 말한다면 '평생을 함께할 사람'에 가장 어울리는 사람은 아내일 것이다. 자연의 순리도 그렇겠다. 내가 아내보다 두 살 더 많으니. 또 대체로 남자보다 여자의 평균수명이 높으니.

　아이도 그렇다. 아이와 나는 내 나이 서른여섯에 처음 만났다. 아이는 이제 겨우 아홉 살이니 아직 채 십 년이 되지 못했다. 나는 아이의 평생을 함께했다 말할 수 있지만 아이는 아빠인 나의 평생을 함께했다 말하지는 못하겠다. 그런데, 가만히 생각해보니 아이는 자신이 함께할 수 있는, '삶'이라는 단어가 시작된 순간부터 나와 함께했고 언제나 내 곁에 있었다. 그러니 아이는 "아빠, 나는 지금까지 평생을 아빠와 함께했어"라고 말할 수 있겠다. 그러니 아내처럼, 아이도 내 남은 평생을 함께할 사람이겠다.

　문득 스치고, 머문 '평생'이라는 단어에 떠올리게 된 몇몇 사
람들. 지나간 삶은 이미 지나갔다. 남은 삶은 아직 남아있다.
남은 '평생'이라도 바짝 내 곁에서 함께할 아내와 아이에게 즐겁
고, 유쾌하게, 무엇보다 건강하게, 그렇게 살자고 말해야겠다.
어쩌면 내년에도 '삶'이라는 짧은 단어가 11월의 어느 날, 나를
찾겠다. 그러면, 또 눈물을 흘릴 수도 있겠다. 잠시 슬프겠지만
앞으로 오래 이겨내야겠다. 항상 했지만 그래도 못다 한 말.

　'아버지, 어디서든 건강 잘 챙기세요. 저도, 아내도, 아이도 건
강 잘 챙겨서 잘 살게요'라고 말하며.

눈부신 하루

기억을 더듬으니 '눈부신 하루'였다. 연말은 때가 때인지라, 한 해를 마무리할 날들의 연속이었고 그날은 조금 더 정리가 많은 날이었다. 토요일 오전 회사에서 언젠가, 아이에게 했던 말이 기억났다. "우리, 조만간, 바다 구경 또 하자!" 그때, 아이가 했던 말도 떠올랐다. "응, 바다 보러 또 오자!" 그래서 토요일 오후 길을 나섰다. 늦었다면 늦었고 아직 늦지 않았다면 늦지 않은 시간인 토요일 오후 4시에. 아내에게 "혹시 모르니, 하룻밤을 자고 올 생각으로 떠나자"라고 말했고, 아내는 "경험으로는, 아마도, 하룻밤 자고 올 것 같아"라고 답했다.

목적지는 춘장대해수욕장. 대전에서 충남 서천까지는 1시간 20분 거리였다. 멀다고 할 수도 없고, 가깝다고 할 수도 없었다. 대전에서 아이의 할머니 집까지는 2시간, 외할머니 집까지도 2시간 내외의 거리니 말이다. 뒷자리에 앉은 아이는 카시트에 앉아 답답할 텐데도 신났다. 옆자리에 앉은 아내는 사실 아픈 상태였다. 며칠째 속이 불편해 영 음식을 먹지 못한 아내였지만 함께 길을 나섰다. 언제나처럼. 집을 떠난 지 얼마간의 시간이 흐르자 아픈 아내도, 신난 아이도 어느새 눈을 감고 있었다. 그 때부터는 혼자, 가만히, 이런저런, 생각들을 하며 달렸다. 볕은 좋았고, 길은 한적했다. 그렇게 1시간을 달리니 순간 눈이 부셨다. 미처 생각하지 못했는데 해가 질 무렵, 해가 지는 곳으로 가고 있었다. 해 질 녘 '붉게 물든'이라는 상투적인 표현을, '붉게 물든' 하늘을 보며, 나 또한 달리 표현할 수 없었다. 닿을 듯 저 만치 가까이에 있는 태양을, 그것을 향해 달려가는 느낌이었다.

　나의 도착점, 우리 가족의 목적지 근처에 다다르자 길이 울통불퉁해서 차가 덜컹거렸다. 잠시 후 아내가 눈을 떴다. 잠이 들었다 생각했던 아내는 "속이 불편해서 눈만 감고 있었어"라고 말했고, 그 말에 "몸이 많이 안 좋으면 집으로 돌아가는 것도 생각해 보자"라고 받았다. 아내는 편안히 자고 있는 아이를 보며 "출발할 때 그렇게 신나 했는데, 잘 놀다 가자"라고 보탰다. 몇 번의 말들이 오가는 사이 춘장대해수욕장에 닿았다. 생각만큼, 아니 생각보다 바람이 거셌다. 준비해 간 옷들을 겹겹이 껴입었고, 안 되겠다 싶어 아이는 차량용 어른 장갑까지 꼈다. 그리고 바람을 가로질러 넓게 펼쳐진 바다를 향해 걸었다. 아내에게 "우리, 20년 전쯤에 이곳에 있었지?"라고 말했고, 아내는 "그랬지"라고 짧게 답했다. 바닷바람을 흠씬 맞으며 겨울이 왔음을 체감했다. 곁에 있는 아이에게 "아들, 지금은 너무 추워서 모래놀이를 하기에는 적당하지 않은 것 같은데, 여기서 자고 갈까? 아쉬워도 그냥 집으로 돌아갈까?"라고 물었다. 아이는 예상했던 것처럼 "그럼… 자고, 가지, 뭐"라고 짧게 답했다. 바닷가 주변에는 숙소가 많지 않았다. 몇몇을 찾아 전화했지만, 전화 연결도 되지 않았다. 아이와 함께 낯선 지역에서 잘 곳을 찾는 것은 간단치 않았다. 포기를 모르는 아내는 인근으로 거리를 넓혀 검색했고, 마침내 "찾았어. 여기로 가자"라고 말했다.

그곳은 금강하구둑관광지였고, 춘장대해수욕장에서는 차로 30분 거리에 있었다. 처음 가보는 곳이었지만 다행히 숙소가 제법 깔끔했고, 호텔 앞의 식당도 만족스러웠다. 아이는 〈그리스 로마 신화〉를 본다고 꽤나 늦게 잠이 들었고, 다음 날은 적당한 시간에 일어났다. 관광지에서 관광지로 이동했으니, 또 관광을 해줘야 했다. 금강하구둑관광지 주차장에는 캠핑하는 사람들이 드문드문 보였다. 둑을 따라 걸어도 좋을 것 같았다. 아내와 함께 아이의 손을 잡고 나란히 걸었다. 생각지도 못한 놀이 공원이 있었고, 이용을 주저하던 아이는 이내 "한 번 더 해 볼래. 다시 해 볼래"라고 말하며 기록경기를 하듯 놀이기구를 즐겼다. 그리고 남은 길을 마저 걸었다. 행정구역상 인접해 있는 곳이기에 우리 가족은 충남 서천군을 지나 전북 군산시를 아주 잠시 다녀왔다. 1분, 어쩌면 30초 정도. 그리고 어젯밤 아이와 약속을 지켜야겠기에 다시 춘장대해수욕장으로 갔다. 저녁 바람이 차서 못 했던 모래놀이도 잠깐 즐기고, 아주 작은 아기 게들도 30마리 정도 잡았다 놓아주었다. 점심으로 갑오징어, 대하가 들어간 시원한 해물칼국수를 먹었고, 홍원항의 낚시꾼 구경을 마지막으로 집으로 돌아왔다.

　가족과 함께하는 일상은 길지 않아도 짧은 순간이 주는 여운과 감동이 오랜 추억으로 남는다. 그렇게 바쁜 일상을 사는 내게, 우리 가족에게 그날은 '눈부신 하루'가 되어 기억에 남게 됐다.

함께해 주셔서 고맙습니다.
앞으로도 제 아이를 잘 성장시키려 부단히 노력하겠습니다.

초등아빠가 되어도 괜찮습니다

초판 1쇄   2024년 4월 1일

지은이   임석재
발행인   김재홍
교정/교열   김혜린
디자인   박효은
마케팅   이연실

발행처   도서출판지식공감
등록번호   제2019-000164호
주소   서울특별시 영등포구 경인로82길 3-4 센터플러스 1117호(문래동1가)
전화   02-3141-2700
팩스   02-322-3089
홈페이지   www.bookdaum.com
이메일   jisikwon@naver.com

가격   17,000원
ISBN   979-11-5622-855-4 03590